表面组装技术
（SMT）

杜中一　编著

化学工业出版社
·北京·

内容简介

本书以表面组装技术（SMT）生产过程为主线，详细介绍了电子产品的表面组装技术，主要内容包括表面组装技术概述、表面组装材料，表面涂敷、贴片、焊接、清洗、检测与返修等，其中表面组装材料介绍了表面组装元器件、电路板、焊膏和贴片胶。

本书可作为 SMT 行业工程技术人员的参考用书，也可作为电类相关专业教学用书。

图书在版编目（CIP）数据

表面组装技术：SMT/杜中一编著. —北京：化学工业出版
社，2021.5（2022.2 重印）
 ISBN 978-7-122-38686-1

Ⅰ. ①表… Ⅱ. ①杜… Ⅲ. ①SMT 技术 Ⅳ. ①TN305

中国版本图书馆 CIP 数据核字（2021）第 042903 号

责任编辑：廉　静　王听讲　　　　　　　　装帧设计：韩　飞
责任校对：边　涛

出版发行：化学工业出版社（北京市东城区青年湖南街 13 号　邮政编码 100011）
印　　装：北京建宏印刷有限公司
787mm×1092mm　1/16　印张 10¼　字数 250 千字　2022 年 2 月北京第 1 版第 2 次印刷

购书咨询：010-64518888　　　　　　售后服务：010-64518899
网　　址：http://www.cip.com.cn
凡购买本书，如有缺损质量问题，本社销售中心负责调换。

定　　价：48.00 元

前　言

表面组装技术（SMT）也叫表面贴装技术，是指把表面组装元器件按照电路的要求放置在预先涂敷好焊膏的 PCB 表面上，通过焊接形成可靠的焊点，建立长期的机械和电气连接的组装技术。

表面组装技术已成为现代电子组装技术的主流技术。我国 SMT 从 20 世纪 80 年代初起步，至今已经发展了近 40 年的时间。尤其进入 21 世纪以来，中国电子产品制造业加快了发展步伐，成为国民经济的支柱产业之一。随着中国电子产品制造业的高速发展，中国的 SMT 技术及产业也同步迅猛发展，整体规模也居世界前列，今后一段时间内中国将仍是世界最大的 SMT 市场。因此，我国对于 SMT 行业从业人员需求巨大，而 SMT 行业从业人员需要熟悉 SMT 生产线设备、SMT 材料、SMT 生产工艺等诸多内容。SMT 行业从业人员需要具备较强的整体技术实力，包括工艺技术、品质控制水平和生产管理技术都非常重要。

本书以 SMT 生产过程为主线，主要内容包括表面组装技术概述，表面组装材料，表面涂敷、贴片、焊接、清洗、检测与返修等，其中表面组装材料介绍了表面组装元器件、电路板、焊膏和贴片胶。

本书可作为 SMT 行业工程技术人员的参考用书，也可作为电类相关专业教学用书。

本书由大连职业技术学院（大连广播电视大学）杜中一编著。

由于表面组装技术发展迅速以及作者水平有限，书中难免有不足之处，敬请广大读者批评指正。

编著者
2021 年 1 月

目　录

第1章　表面组装技术概述 ·· 1

1.1　表面组装技术及特点 ·· 1

1.1.1　表面组装技术发展 ··· 1

1.1.2　表面组装技术特点 ··· 3

1.1.3　表面组装技术生产线 ·· 4

1.2　表面组装技术的基本工艺流程 ·· 5

1.3　表面组装技术生产现场管理 ·· 6

第2章　表面组装材料 ·· 9

2.1　表面组装元器件 ·· 9

2.1.1　表面组装元器件的特点及分类 ·· 9

2.1.2　表面组装无源元件（SMC） ··· 10

2.1.3　表面组装片式有源器件（SMD） ·· 17

2.1.4　表面组装元器件的使用 ·· 23

2.1.5　表面组装元器件的发展趋势 ·· 26

2.2　电路板 ·· 26

2.2.1　纸基覆铜箔层压板 ··· 26

2.2.2　环氧玻璃纤维布覆铜板 ·· 27

2.2.3　复合基覆铜板 ·· 28

2.2.4　金属基覆铜板 ·· 29

2.2.5　陶瓷印制板 ··· 31

2.2.6　柔性印制板 ··· 31

2.3　焊膏 ·· 32

2.3.1　焊料合金粉末 ·· 32

2.3.2　糊状助焊剂 ··· 36

2.3.3　焊膏特性、 分类、 评价方法及使用 ······································· 38

2.4　贴片胶 ·· 41

2.4.1　贴片胶主要成分 ··· 41

2.4.2　贴片胶特性要求 ··· 42

2.4.3　贴片胶的使用要求 ··· 42

第3章　表面涂敷 ··· 43

3.1　焊膏涂敷 ··· 43

　　　3.1.1　印刷焊膏 ················· 43
　　　3.1.2　喷印焊膏 ················· 57
　3.2　贴片胶涂敷 ················· 60
　　　3.2.1　分配器点涂技术 ················· 60
　　　3.2.2　针式转印技术 ················· 61
　　　3.2.3　胶印技术 ················· 62
　　　3.2.4　影响贴片胶黏结的因素 ················· 62

第4章　贴片 ················· 64
　4.1　贴片概述 ················· 64
　4.2　贴片设备 ················· 65
　　　4.2.1　贴片机的基本组成 ················· 65
　　　4.2.2　贴片机的类型 ················· 74
　　　4.2.3　贴片机的工艺特性 ················· 79
　　　4.2.4　贴装的影响因素 ················· 81
　　　4.2.5　贴片程序的编辑 ················· 83
　4.3　贴片机抛料原因分析及对策 ················· 83
　　　4.3.1　抛料发生位置 ················· 83
　　　4.3.2　抛料产生的原因及对策 ················· 85

第5章　焊接 ················· 86
　5.1　波峰焊 ················· 86
　　　5.1.1　波峰焊的原理及分类 ················· 86
　　　5.1.2　波峰焊机 ················· 89
　　　5.1.3　波峰焊中合金化过程 ················· 97
　　　5.1.4　波峰焊的工艺 ················· 98
　　　5.1.5　波峰焊缺陷与分析 ················· 101
　5.2　再流焊 ················· 105
　　　5.2.1　再流焊温度曲线的设定及优化 ················· 106
　　　5.2.2　再流焊机 ················· 109
　　　5.2.3　再流焊缺陷分析 ················· 117
　5.3　选择性波峰焊 ················· 122
　　　5.3.1　选择性波峰焊概述 ················· 122
　　　5.3.2　选择性波峰焊工艺应用注意事项 ················· 125
　5.4　其他焊接技术 ················· 126
　　　5.4.1　热板传导再流焊 ················· 126
　　　5.4.2　气相再流焊 ················· 126
　　　5.4.3　激光再流焊 ················· 127
　　　5.4.4　通孔再流焊 ················· 128

第6章　清洗 ·· 132

　6.1　污染物的种类 ·· 132

　6.2　清洗剂 ·· 133

　6.3　清洗方法及工艺流程 ·· 135

　　6.3.1　溶剂清洗法 ·· 135

　　6.3.2　水清洗法 ··· 137

　　6.3.3　半水清洗法 ·· 137

　　6.3.4　各种清洗方法的性能对比 ·· 138

　6.4　清洗设备 ·· 138

　6.5　清洗效果评估方法 ··· 142

第7章　检测 ·· 143

　7.1　视觉检测 ·· 143

　　7.1.1　自动光学检测 AOI ·· 143

　　7.1.2　自动 X 射线检测 AXI ·· 145

　　7.1.3　自动光学检测和自动 X 射线检测结合应用 ······························ 146

　7.2　在线测试 ·· 147

　　7.2.1　针床式在线测试技术 ··· 148

　　7.2.2　飞针式在线测试技术 ··· 149

第8章　返修 ·· 152

　8.1　返修概述 ·· 152

　　8.1.1　返修电路板状况分析 ··· 153

　　8.1.2　元器件拆焊方法 ··· 153

　　8.1.3　三防漆和焊锡的处理 ··· 154

　8.2　返修过程 ·· 154

参考文献 ··· 156

第1章

表面组装技术概述

1.1　表面组装技术及特点

电子组装技术是根据电路原理图，对各种电子元器件、机电元器件及电路板进行互连、安装和调试，使其成为合格电子产品的技术。电子组装技术是伴随着电子元器件封装技术的发展而不断前进的，有什么样的元器件封装形式，就会产生什么样的组装技术，即电子元器件的封装形式决定了生产的组装技术。电子组装技术根据所组装的元器件封装形式不同分为两类，即通孔插装技术（THT，Through Hole Technology）和表面组装技术（SMT，Surface Mount Technology）。

通孔插装示意图如图 1-1 所示，它是采用插装元器件，在印制板上设计好电路连接导线和安装孔，通过把元器件引线插入 PCB 通孔中，在 PCB 的另一面进行焊接，形成可靠的焊点，建立长期的机械和电气连接的组装技术。

表面组装技术也叫表面贴装技术，如图 1-2 所示，是指把表面组装元器件按照电路的要求，放置在预先涂敷好焊膏的 PCB 的表面上，通过焊接形成可靠的焊点，建立长期的机械和电气连接的组装技术。

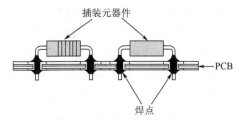

图 1-1　通孔插装示意图

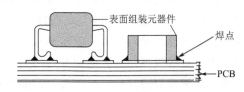

图 1-2　表面组装示意图

1.1.1　表面组装技术发展

1.1.1.1　行业发展历程

表面组装技术发展主要经历了四个阶段，第一阶段（1960～1975）：小型化，混合集成电路；第二阶段（1976～1980）：减小体积，增加电路功能，主要应用于录像机、摄像机和数码相机；第三阶段（1981～1995）：降低成本，大力发展生产设备，提高产品性价比；第四阶段（1996～至今）：微组装、高密度组装、立体组装。

美国是世界上 SMT 最早起源的国家，并一直重视在投资类电子和军事装备领域发挥

SMT 在高组装密度和高可靠性能方面的优势，具有很高的水平。日本在 20 世纪 70 年代从美国引进 SMT 应用于消费类电子产品领域，并投入巨额资金大力加强基础材料、基础技术和推广应用方面的开发研究工作，从 80 年代中后期起加速了 SMT 在产业电子设备领域中的全面推广应用，仅用了四年的时间使 SMT 在通用设备中的应用数量增长了近 30%，在传真机中增长近 40%，日本很快超过了美国，在 SMT 方面处于世界领先地位。我国 SMT 的应用起步于 20 世纪 80 年代初期，最初从美、日等国成套引进了 SMT 生产线用于彩电调谐器生产，随后应用于录像机、摄影机、袖珍式多波段收音机、随身听等生产中，近几年在计算机、通信设备和航空航天电子设备中也逐渐得到应用。

1.1.1.2　行业发展现状

我国 SMT 从 20 世纪 80 年代初起步，至今已经发展了近 40 年的时间。尤其进入 21 世纪以来，中国电子产品制造业加快了发展步伐，成为国民经济的支柱产业。随着中国电子产品制造业的高速发展，中国的 SMT 技术及产业也同步迅猛发展，整体规模居世界前列。中国 SMT 产业之所以出现如此大好形势，主要是中国政府有关部门高度重视电子信息产品制造业的发展，制定了良好的发展政策、引进政策。世界电子产品制造业发达的国家和地区如美、日、韩、欧洲和中国台湾地区，把电子制造业往中国内地转移也是其重要因素。从国际大环境看，虽然印度、越南、东欧地区 SMT 产业会有所发展，但近期不会对世界电子制造大国的地位造成很大威胁。总之，今后一段时间内中国仍是世界最大的 SMT 市场。

1.1.1.3　行业发展趋势

SMT 技术由 SMT 生产线、SMT 设备、SMT 元器件、SMT 工艺材料等因素相辅相成的，所以 SMT 技术的发展则需要各个因素综合发展。预计 SMT 行业将呈现如下发展趋势。

（1）SMT 生产线的发展

① SMT 生产线向信息集成的柔性生产环境方向发展　目前电子产品正向更新、更快、多品种、小批量的方向发展，这就要求 SMT 的生产准备时间尽可能短，为达到这个目标需要克服设计环节与生产环节联系相脱节的问题，而 CIMS（计算机集成制造系统）的应用可以完全解决这一问题。CIMS 是以数据库为中心，借助计算机网络把设计环境中的数据传送到各个自动化加工设备中，并能控制和监督这些自动化加工设备，形成一个包括设计制造、测试、生产过程管理、材料供应和产品营销管理等全部活动的综合自动化系统。CIMS 能为企业带来非常显著的经济效益：提高产品质量、设备有效利用率和柔性制造能力，大大缩短产品设计周期和投入市场时间等。正因为 CIMS 具有诸多优点，所以可以预见 CIMS 在 SMT 生产线中的应用将会越来越广泛。

② SMT 生产线向连线高效方向发展　高生产效率是衡量 SMT 生产线的重要性能指标，SMT 生产线的生产效率体现在产能效率和控制效率。如今市场竞争异常激烈，高效是每一个行业都必须追求的目标。

③ SMT 生产线向绿色环保方向发展　SMT 生产线作为工业生产的一部分，毫无例外地会对生存环境产生破坏。这就提示我们，SMT 生产线不仅要考虑生产规模和生产能力，还要考虑 SMT 生产对环境的影响，从 SMT 建线设计、SMT 设备选型、工艺材料选择、环境与物流管理、工艺废料的处理及全线的工艺管理，全面考虑环保的要求。绿色生产线同样是 SMT 生产线未来的发展方向。

（2）SMT 设备的发展

SMT 设备的更新和发展代表着表面组装技术的水平，新的 SMT 设备的发展朝高效、灵活、智能、环保等方向发展，这是市场竞争所决定的，也是科技进步所要求的。

（3）SMT 元器件的发展

SMT 元器件经历了由大体积、少引脚向大体积、多引脚方向发展，现在已经开始由大体积、多引脚朝小体积、多引脚方向发展。随着电子组装向更高密度方向发展，未来 SMT 元器件必将朝多层、高密度、高可靠性方向发展。

（4）SMT 工艺材料的发展

常用的 SMT 工艺材料包括：焊膏、助焊剂等。对于焊料，目前提出比较高的呼声是使用无铅焊料，这主要的原因是因为铅对人体有害。出于环保考虑，无铅焊料是目前乃至将来一段时间内的主流。基于环保和成本等各方面因素考虑，免清洗焊接技术是一项将材料、设备、工艺、环境和人力因素结合在一起的综合性技术，它的产生推动了制造工艺技术的变革，而它的推广则影响着相关产业的方方面面。

1.1.1.4　国内市场格局

我国 SMT 产业形成了珠三角、长三角、环渤海地区三足鼎立之势。中国 SMT 产业主要集中在东部沿海地区，其中广东、福建、浙江、上海、江苏、山东、天津、北京以及辽宁等省市 SMT 的总量占全国 80% 以上。按地区分，以珠三角及周边地区最强，长三角地区次之，环渤海地区第三。对珠江三角洲地区而言，由于在过去几年的发展中，其 SMT 产业已经形成了较为完整的产业链和产业配套环境，因此珠江三角洲地区在承接产业转移方面具有比较明显的优势；长江三角洲地区 SMT 产业的快速增长主要来自于全球 SMT 产业的转移，尤其是贴片机生产的转移。从历史原因来看，长江三角洲地区发展设备制造业的基础相对雄厚。同时长江三角洲地区笔记本、手机等中高端电子整机产品制造业比较发达，另外再加上长江三角洲地区独特的地理位置优势，因此在全球 SMT 产业的大转移过程中，长江三角洲地区承接相当大部分的比例；环渤海地区 SMT 总量虽与珠三角和长三角相比有较大差距，但增长潜力大，发展势头强。

1.1.2　表面组装技术特点

表面组装技术有以下几个特点。

（1）组装密度高

表面组装元器件体积比通孔插装元器件小得多，一般可减小 60%～70%，质量减轻 60%～90%，提高了电子组装密度。

（2）信号传输速度高

结构紧凑、组装密度高，由于连线短、延迟小，可实现高速度的信号传输，同时更耐振动、抗冲击，这对于电子设备超高速运行具有重大的意义。

（3）高频特性好

由于元器件无引线或短引线，自然减小了电路的分布参数，降低了电磁和射频干扰。

（4）易于实现自动化

由于表面组装元器件外形尺寸标准化、系列化及焊接条件的一致性，使表面组装的自动化程度很高，提高了生产效率，降低了成本。

（5）生产成本低

表面组装技术简化了电子整机产品的生产工序，元器件的引线不用整形、打弯、剪短，因而使整个生产过程缩短，生产效率得到提高。同样功能电路的加工成本低于通孔插装方式，一般可使生产总成本降低 30％～50％。

1.1.3　表面组装技术生产线

SMT 生产工艺一般包括焊膏印刷、贴片和再流焊三个主要步骤。一条完整的 SMT 生产线的基本设备必须包括焊膏涂覆设备、贴片机和再流焊机三个主要设备，此外根据不同生产实际需求，还可以有波峰焊机、检测设备及清洗设备等。如图 1-3 所示是 SMT 生产线组成示意图。

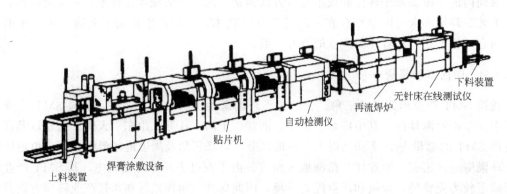

图 1-3　SMT 生产线组成示意图

焊膏涂覆设备是将焊膏涂敷在 PCB 的焊盘图形上，为表面组装元器件的贴装提供粘附及焊接的材料，焊膏涂覆设备主要包括印刷机或喷印机。贴片机是把元器件从包装中取出，并贴放到印制电路板相应的位置上。再流焊机是通过提供一种加热环境，使焊膏受热融化从而让表面贴装元器件和 PCB 焊盘通过焊点合金可靠地结合在一起。

SMT 生产线的设计和设备选型要根据企业的投资能力、产量的大小、线路板的贴装精度要求等因素，制定合理的设备选型计划。选择设备时应"量体裁衣"，切不可盲目地求大求全，以免造成不必要的浪费。SMT 生产线的设计要注意消除瓶颈现象。一条 SMT 生产线包括有多台设备，多台设备共同工作时整体的运行效率不是由速度最高的设备决定，而是由速度相对较低的设备所决定。如果生产时某一台设备的速度慢于其他设备，那这台设备就将成为制约整条 SMT 生产线速度提高的瓶颈。

通常瓶颈现象会出现在贴片机上，要消除瓶颈现象就必须增加贴片机的数量。增加贴片机数量，可以为生产线提供更多的生产能力，从而使生产线整体趋于平衡，达到解决瓶颈现象的目的。增加贴片机的类型及数量要根据生产线实际生产的产品情况而定，一般情况下最好采购几台高速贴片机和几台多功能贴片机。其中高速贴片机解决小型元件贴片速度的问题，几台高速贴片机分别负责不同类型元件的贴片，这样每个高速贴片机进行相对单一类型的元件贴片，贴片的速度就会明显的提高；几台多功能贴片机贴装其他剩余大型的表面组装器件，并对不同的器件加以分类，分配给不同的多功能贴片机。这样就会解决贴片机效率引起的生产瓶颈问题。当然如果投资的预算较少，只能购买一台贴片机，必须要选择多功能贴片机，因为它可以贴装多种类型的元器件。

贴片机是 SMT 生产线中最关键的设备，往往会占到整条生产线投资的 50％以上，其生产效率的高低会制约整条生产线生产能力的发挥，所以贴片机的选择尤为关键。

1.2　表面组装技术的基本工艺流程

随着电子产品向小型化、高组装密度方向发展，电子组装技术也以表面组装技术为主。但在一些电路板中仍然会存在一定数量的通孔插装元器件。插装元器件和表面组装元器件兼有的组装称为混合组装，简称混装。

SMT 的工艺流程主要取决于组装元器件的类型和组装的设备条件。大体上可分成单面贴装工艺、单面混装工艺、双面贴装工艺和双面混装工艺四种类型。

（1）单面贴装工艺

单面贴装是指元器件全为贴装元器件，并且元器件都在 PCB 板的一面的组装，其工艺主要的流程为：涂敷焊膏→贴片→再流焊→清洗→检测→返修，其主要步骤示意图如图 1-4 所示。

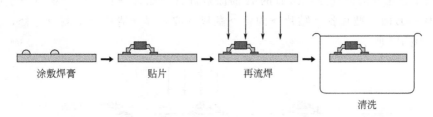

涂敷焊膏　　　　贴片　　　　再流焊

清洗

图 1-4　单面贴装工艺主要步骤示意图

（2）单面混装工艺

单面混装是指元器件既有贴装元器件也有插装元器件，并且元器件都在 PCB 板的一面组装，其工艺主要流程为：涂敷焊膏→贴片→再流焊→插件→波峰焊→清洗→检测→返修，其主要步骤示意图如图 1-5 所示。

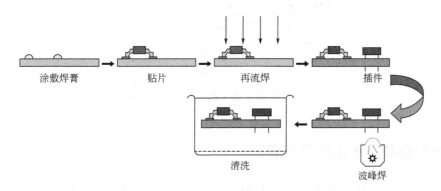

涂敷焊膏　　　　贴片　　　　再流焊　　　　插件

清洗　　　　　　波峰焊

图 1-5　单面混装工艺主要步骤示意图

（3）双面贴装工艺

双面贴装是指元器件全为贴装元器件，并且元器件分布在 PCB 板两面的组装，其工艺主要的流程为：PCB 的 A 面涂敷焊膏→贴片→A 面再流焊→翻板→PCB 的 B 面涂敷焊膏→贴片→B 面再流焊→清洗→检测→返修，其主要步骤示意图如图 1-6 所示。

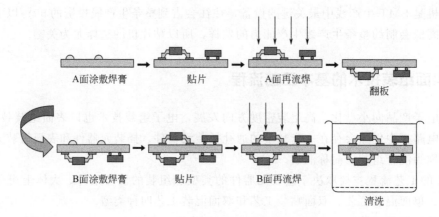

图 1-6　双面贴装工艺主要步骤示意图

（4）双面混装工艺

双面混装是指元器件既有贴装元器件也有插装元器件，并且元器件分布在 PCB 板两面的组装，其工艺主要的流程为：PCB 的 A 面涂敷焊膏→贴片→再流焊→插件→引脚打弯→翻板→PCB 的 B 面点贴片胶→贴片→固化→翻板→波峰焊→清洗→检测→返修，其主要步骤示意图如图 1-7 所示。

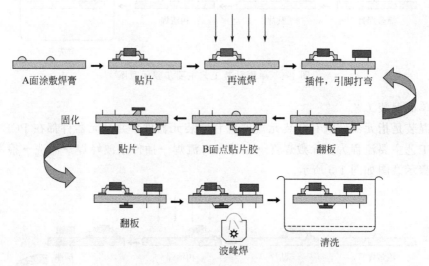

图 1-7　双面混装工艺主要步骤示意图

1.3　表面组装技术生产现场管理

SMT 生产现场管理是 SMT 生产过程中一项非常重要而具体的工作。它是指在一定的生产方式和条件下，按一定的原则、标准、程序和方法，科学地计划、组织、协调和控制各项工艺工作的全过程。SMT 生产现场管理包括"人、机、物、法、环"五个方面的管理内容。

（1）人员管理

SMT 生产线主要岗位人员通常包括项目工程主管、SMT 工艺主管、生产主管、设备工程师、设备助理工程师、设备技术员、电子工程师、测试员、检验员、质量统计管理员、维修员、操作员、物料员、电工等。生产人员管理的关键在于管理文件的构建，在日常管理中严格按照管理文件要求实施。管理文件的构建主要包括的内容：制定明确有效的用工制度；规范不同岗位人员的管理秩序；明确不同岗位的岗位职责和要求；制定培训制度并针对不同岗位编制不同的培训计划和培训内容；制定各岗位的管理规定、注意事项、员工守则；制定详细的人员奖惩制度；制定严格的工艺纪律；建立人员的评价体系；制定不同岗位人员的考核标准。

应制定分层次和分阶段培训，如强化品质意识、工作态度和规范培训，反复宣传给以灌输；进行岗位技能培训，定期组织劳动竞赛；加强基层管理人员培训，提升管理技能等。引进新产品、新工艺技术及新设备时，要组织员工进行专门学习与培训；员工应养成按规定填写各种基础管理项目及记录的习惯，如设备点检卡、单板交接记录、SMT 生产记录表、特殊过程记录表等。

（2）设备管理

降低设备故障率，减少停机损失，最有效的方法是加强设备管理水平，制订设备操作规程，维护保养的管理办法和责任制。通过改善人与设备的素质，明确树立更高的目标，用先进合理的方法彻底排除与设备相关的不良因素，以追求最大限度设备效率。

① 制订全线总体 SMT 工艺路线，确定每台设备单元的工艺参数、数据要求、标准和曲线，并按规定的频次，由工艺检查人员定时监督检查，杜绝设备参数乱动、乱调等不良状况。

② 按照设备规定的内容制订日保养、周保养、月保养、半年及一年保养和维修管理办法，详细规定不同阶段进行保养的部位、操作的方法、达到的目的和效果。

③ 要求设备操作人员掌握设备操作的基本技能，考核合格上岗工作。严格按规程进行操作。工作中对设备运行过程勤观察、勤判断，发现异常现象，及时上报。

（3）物料管理

物料管理需要对生产过程中用到的材料加强检查和仓库管理，通常可采用以下管理方法。

① 看板管理：将物料号、数量、进库日期等物料信息以表格的形式列出，制成看板立于货架端面。

② 储位管理：将不同物料放置于货架不同的区域，即物料的存放定区、定架、定位。

③ FIFO（先进先出）管理：先进物料先出仓库投入使用，进料先后月份用不同颜色标识。

④ 区域管理：不同区域用不同的颜色表示，作为不同物料的标识。

⑤ 不良品管理：不良品可由品管人员确认后贴拒收标签，隔离放置，处理后退入不良品仓库。

（4）方法管理

SMT 现场管理必须按照 ISO9001 质量管理体系、国标 SJ/T10670 表面组装工艺通用技术要求等相应法规执行管理。方法管理还包括企业规定的各操作流程、生产中的每个操作步骤的指导文件规范操作方法和注意事项等。

（5）环境管理

环境管理是指对 SMT 生产车间的清洁度、温度、湿度等环境进行管控。

① 环境要求　车间空气清洁度为 100000 级。在空调环境下，要有一定的新风量，尽量将 CO_2 含量控制在 1000ppm 以下，CO 含量控制在 10ppm 以下，以保证人体健康。车间环境温度：$23\pm3℃$ 为最佳，极限温度为 $15\sim35℃$（印刷工作间环境温度为 $23\pm3℃$ 为最佳）。相对湿度：$45\sim70％RH$。对墙上窗户加窗帘，避免日光直接照射到设备上。在车间内合理布置照明，理想的照度为 $800\sim1200Lux$，至少不能低于 300Lux，在测试、返修等工作区安装局部照明。

② 防静电要求　随着半导体器件遵循摩尔定律的倍增规律的发展，器件变得越来越小，芯片集成度越来越高，高的集成度意味着单元线路会越来越窄，耐受静电放电的能力越来越差，静电对电子产品的危害也就越来越大。通常人能够感觉到的静电都在两千伏以上，而只要几伏的静电就能将对静电敏感的元器件毁伤。

静电放电 ESD（Electron Static Discharge）对电子产品造成的损伤有突发性损伤和潜在性损伤两种。

a. 突发性损伤。指的是器件被严重损坏，功能丧失。这种损伤通常能够在质量检测时被发现，因此给工厂带来的主要是返工维修的成本。

b. 潜在性损伤。指的是器件部分被损，功能尚未丧失，且在生产过程的检测中不能被发现，但在使用当中会使产品变得不稳定，时好时坏，因而对产品质量构成更大的危害。

这两种损伤中，潜在性损伤占据了 90％，突发性损伤只占 10％。也就是说，90％的静电损伤是没办法检测到的，只有到用户使用时才会被发现。比如手机经常出现的死机、自动关机、话音质量差、杂音大、信号时好时差等问题绝大多数与静电损伤有关。也因为这一点，静电放电被认为是电子产品质量最大的潜在杀手，静电防护也成为电子产品质量控制的一项重要内容。SMT 生产现场的防静电管理有以下措施。

a. 防静电安全工作台由工作台、防静电桌垫、腕带接头和接地线等组成。防静电腕带直接接触静电敏感器件的人员必须戴防静电腕带，腕带与人体皮肤应有良好接触。防静电桌垫上应有两个以上的腕带接头，一个供操作人员用，一个供技术人员或检验人员用。静电安全工作台上不允许堆放塑料盒、橡皮、纸板、玻璃等易产生静电的杂物，图纸资料应放入防静电文件袋内。

b. 生产场所的元件盛料袋、周转箱、PCB 上下料架等应具备静电防护作用，不允许使用金属和普通容器，所有容器都必须接地。

c. 进入静电工作区的人员和接触 SMT 元器件的人员必须穿防静电工作服，特别是在相对湿度小于 50％的干燥环境中（如冬季），工作服面料应符合国家有关标准。进入工作区的人员必须穿防静电工作鞋，穿普通鞋的人员应使用导电鞋束、防静电鞋套或脚跟带。

d. 生产线上用的传送带和传动轴，应装有防静电接地的电刷和支杆。对传送带表面可使用离子风静电消除器。生产场所使用的组装夹具、检测夹具、焊接工具和各种仪器等，都应设有良好的接地线。

e. 生产场所入口处应安装防静电测试台，每一个进入生产现场的人员均应进行防静电测试，合格后方能进入现场。

第2章

表面组装材料

2.1 表面组装元器件

2.1.1 表面组装元器件的特点及分类

表面组装元器件有以下几个显著的特点。

① 在 SMT 元器件的电极上，有些焊端完全没有引线，有些只有非常小的引线；相邻电极之间的间距比传统的双列直插式集成电路的引线间距（2.54mm）小很多，IC 的引脚中心距已由 1.27mm 减小到 0.3mm；在集成度相同的情况下，SMT 元器件的体积比传统的元器件小很多，片式电阻电容已经由早期的 3.2mm×1.6mm 缩小到 0.6mm×0.3mm；随着裸芯片技术的发展，BGA 和 CSP 类高引脚数器件已广泛应用到生产中。

② SMT 元器件直接贴装在印制电路板表面，将电极焊接在元器件同一面的焊盘上。这样，印制板上通孔的周围没有焊盘，使印制电路板的布线密度大大提高。

③ 表面组装技术不仅影响电路板上所占面积，而且也影响器件和组件的电学特性。无引线或短引线，减少了寄生电容和寄生电感，从而改善了高频特性，有利于提高使用频率和电路速度。

④ 形状简单，结构牢固，紧贴在印制电路板表面上，提高了可靠性和抗震性；组装时没有引线打弯、剪线，在制造印制板时，减少了插装元器件的通孔；尺寸和形状标准化，能够采取自动贴片机进行自动贴装，效率高，可靠性高，便于大批量生产，而且综合成本较低。

⑤ 从传统的意义上来讲，表面组装元器件没有引脚或具有短引脚，与插装元器件相比，可焊性检测方法和要求是不同的，整个表面组件承受的温度较高，但表面组装的引脚或端点与 DIP 引脚相比，在焊接时承受的温度较低。

当然，表面组装元器件也存在着不足之处。例如，密封芯片载体很贵，一般用于高可靠性产品，它要求与基板的热膨胀系数匹配，即使这样，焊点仍然容易在热循环过程中失效；由于元件都紧紧贴在基板表面上，元器件与 PCB 表面非常贴近，基板上的空隙就相当小，给清洗造成困难，要达到清洁的目的，必须要有非常良好的工艺控制；元器件体积小，电阻、电容一般不设标记，一旦弄乱就不容易搞清楚；元器件与 PCB 之间热膨胀系数存在差异等问题。

表面组装元器件从结构形状分类为薄片矩形、圆柱形、扁平形等，从功能上分为无源元件和有源器件，如表 2-1 所示。

9

表 2-1　表面组装元器件按功能分类

类　别	封装器件	种　类
无源元件	电阻器	厚膜电阻器、薄膜电阻器、热敏器件、电位器等
	电容器	多层陶瓷电容器、有机薄膜电容器、云母电容器、片式钽电容器等
	电感器	多层电感器、线绕电感器、片式变压器等
	复合器件	电阻网络、电容网络、滤波器等
	机电元件	开关、继电器、连接器、微电机
有源器件	分立组件	二极管、晶体管、晶体振荡器等
	集成电路	片式集成电路、大规模集成电路等

2.1.2　表面组装无源元件（SMC）

表面组装无源元件主要包括电阻器、电容器、电感器以及机电元件等。

SMC 根据其外形尺寸的大小划分成几个系列型号，现有两种表示方法，欧美产品大多采用英制系列，日本产品采用公制系列，我国则两种系列都在使用，例如，公制系列的3216（英制1206）的矩形贴片元件，长 $L=3.2$mm（0.12in，in 表示英寸），宽 $W=1.6$mm（0.06in）。系列型号的发展变化也反映了 SMC 元件的小型化过程：5750（2220）→4532（1812）→3225（1210）→3216（1206）→2520（1008）→2012（0805）→1608（0603）→1005（0402）→0603（0201）→0402（01005）。

2.1.2.1　电阻器

表面组装电阻器常见的是矩形片式电阻器。矩形片式电阻器正面通常是黑色。与传统的插装电阻器相比，虽然矩形片式电阻器体积很小，但是阻值范围和精度并不差。例如英制1206系列电阻，阻值范围从 0.39 至 10M，允许偏差有 ±1%、±5% 等几种精度，额定功率从 0.1W 至 0.25W。目前，0402 和 0603 尺寸的片式电阻器已成为市场的主流，0402 产品的体积只有 0.4mm（长）×0.2mm（宽）×0.125mm（高），重量只有 0.04g。

片式电阻根据制造工艺不同可分为两种类型，一类是厚膜型（RN 型），另一类是薄膜型（RK 型），其电阻温度系数分为 F、G、H、K、M 五级。厚膜型是在扁平的高纯度 Al_2O_3 基板上网印电阻膜层，烧结后经光刻而成，精度高、温度系数小、稳定性好，但阻值范围较窄，适用于精密和高频领域。薄膜型是在基体上喷射一层镍铬合金而成，性能稳定，阻值精度高，但价格较贵。在电阻层上涂覆特殊的玻璃釉层，使电阻在高温、高湿下性能稳定。RK 型电阻器是电路中应用最广泛的电阻器。

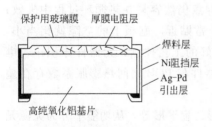

图 2-1　矩形片式电阻器的基本结构

（1）矩形片式电阻器的基本结构

矩形片式电阻器的基本结构如图 2-1 所示，电极是为了保证电阻器具有良好的可焊性和可靠性，一般采用三层电极结构：内层电极、中间电极和外层电极。内层为银钯（Ag-Pd）合金（0.5mil，1mil=0.001in），它与陶瓷基板有良好的结合力。中间为镍层（0.5mil），它是防止在焊接期间银层的浸析。最外层为端焊头，不同的国家采用不同的材料，日本通常采用 Sn-Pb 合金，厚度为 1mil，美国则采用 Ag 或 Ag-Pd 合金。

基板材料一般采用 96％的 Al_2O_3 陶瓷。基板除了应具有良好的电绝缘性外，还应在高温下具有优良的导热性、电性能和机械强度等特征，以充分保证电阻、电极浆料印制到位。

电阻元件通常使用具有一定电阻率的电阻浆料印制在陶瓷基板上，再经过烧结形成厚膜电阻。电阻浆料一般用二氧化钌，近年来开始采用便宜的金属系的电阻浆料，如氧化物系、碳化物系和铜系材料，以降低成本。

玻璃钝化层主要是为了保护电阻体。它一方面起到机械保护的作用；另一方面使电阻体表面具有绝缘性，避免电阻与邻近导体接触而产生故障。在电镀中间电极的过程中，还可以防止电镀液对电阻膜的侵蚀而导致电阻性能的下降。玻璃钝化层一般由低熔点的玻璃浆料经印制烧结而形成。

（2）矩形片式电阻器的精度

制作用于极高精度电路的薄膜电阻器要求精度高于 1％。根据精度要求的不同，价格上可能有很大差别。例如，精度为 1％的电阻器通常要比精度为 5％的电阻器贵一倍。

根据 IEC63 标准"电阻器和电容器的优选值及其公差"的规定，电阻值允许偏差±10％，称为 E12 系列；电阻值允许偏差±5％，称为 E24 系列；电阻值允许偏差±2％，称为 E48 系列；电阻值允许偏差±1％，称为 E96 系列。

（3）矩形片式电阻器的标识

矩形片式电阻器通常在电阻本体上以数字形式进行标识，如图 2-2 所示。E24 和 E96 系列是最常见的电阻器，精度分别为±5％和±1％。

当片式电阻阻值精度为±5％时，采用 3 个数字（包括字母）表示。阻值大于等于 10Ω 的，前两位数字为有效数字，最后一个数值表示增加的零的个数；阻值小于 10Ω 的，在两个数字之间补加字母"R"代表小数点。例如，用 101 表示 100Ω，用 563 表示 56kΩ，用 1R0 表示 1.0Ω，用 4R7 表示 4.7Ω。

图 2-2　矩形片式电阻器的标识

当片式电阻阻值精度为±1％时，采用 4 个数字（包括字母）表示。阻值大于等于 100Ω 的，前三位数字为有效数字，最后一个数值表示增加的零的个数；阻值小于 100Ω 的，仍补加"R"代表小数点。例如，用 1000 表示 100Ω，用 1004 表示 1MΩ，用 47R1 表示 47.1Ω，用 10R0 表示 10.0Ω。

还有一类特殊的片式电阻，叫跨接线电阻，无论 E24 还是 E96 系列的跨接线电阻的标识都是 000，是阻值为 0Ω 的电阻。

2.1.2.2　电容器

表面组装用矩形片式电容器正面通常是灰色。在实际应用中，表面组装电容器中大约 80％是多层片状瓷介质电容器，其次是表面组装钽和铝电解电容器，而表面组装有机薄膜和云母电容器则很少使用。

（1）瓷介质电容器

片式陶瓷电容器以陶瓷材料为电容介质。它由介质和电极材料交替叠层，并在 $1000\sim$ $1400\,℃$ 下烘烧而成。介质层一般为钛酸钡，而电极是铂-钯-银厚膜。交替的电极与相对的端电极连接，形成一组平板电容器。多层陶瓷电容器是在单层片状电容器的基础上制成的，电极深入电容器内部，并与陶瓷介质相互交错。电极的两端露在外面，并与两端的焊端相连。

介质的层数和厚度决定电容器的最终容值，少则两层，多则 50 层，根据需要而定。对一定层数，通过减小介质层的厚度可提高容值。有两个因素确定了电容器实际的最低厚度，其一是要求的介质击穿电压与厚度成反比；其二是由于内部针孔缺陷增加了潜在失效率。为使额定直流电压达到或超过 50V，采用厚度不小于 0.025mm（0.001in）的介质层，便可得到最好的可靠性。对于消费类产品和低压场合应用，介质厚度有时减至 $0.013\sim0.015\text{mm}$。

同片式电阻器一样，电容器端电极用镍或铜阻挡层加以保护，以防止在焊接时贵金属电极熔解，在端电极上面涂一层可焊的锡或锡-铅合金。

片式瓷介质电容器有矩形和圆柱形两种。圆柱形是单层结构，生产量很少；矩形则少数为单层结构，大多数为多层叠层结构，又称 MLC，有时也称独石电容器。

① 矩形瓷介质电容器。MLC 通常采用无引脚矩形结构，如图 2-3 所示。制作时将作为内电极材料的白金、钯或银的浆料印制在生坯陶瓷膜上，经叠层的形式，根据电容量的需要，少则二三层，多则数十层。它以并联方式与两端面的外电极连接，分成左右两个外电极端。外电极的结构与片式电阻器一样，采用三层结构：内层为 Ag 或 Ag-Pd，厚度为 $20\sim30\mu\text{m}$；中间镀 Ni 或 Cd，厚度为 $1\sim2\mu\text{m}$，主要作用是阻止 Ag 离子迁移；外层镀 Sn 或 Sn-Pb，厚度为 $1\sim2\mu\text{m}$，主要作用是易于焊接，改善耐焊接热和耐湿性。这种陶瓷的结构形成一个坚固的方块，可以承受恶劣的环境及像浸入焊料这样一些与表面组装工艺有关的处理。

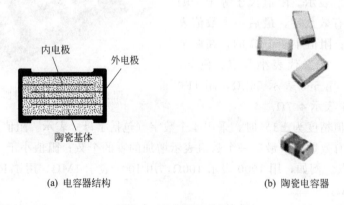

（a）电容器结构　　　　　　　　　　　（b）陶瓷电容器

图 2-3　矩形瓷介质电容器

陶瓷电容器的电性能取决于所采用的介质材料的性质。一般情况下，介质材料根据 EIA-198 的规定进行分类。通常，一种材料的介电常数越高，其温度稳定性和介质损耗就越差。片式陶瓷电容有三种不同的电解质，分别为 COG/NPO、X_7R 和 Z_5U，它们有不同的容量范围、温度及温度稳定性。以 X_7R 为介质的电容，通常是将钛酸钡材料作为基础，表现出较高的温度敏感性和较大的介电常数，其温度和电解质特性较差，在一般场合最好选用它。Z_5U 介质的介电常数最高，适用于要求小体积、大容值的场合。以 COG/NPO 为介质的电容，通常是以各种稀土钛酸盐作为基础，具有最高的温度稳定性和低介质损耗，其温度和电解质特性较好，但 COG 电容器比其他类型的要大一些，而且价格更贵。

MLC 的特点包括：短小、轻薄；因无引脚，寄生电感小；等效串联电阻低，电路损耗小；不但电路的高频特性好，而且有助于提高电路的应用频率和传输速度；电极与介质材料共烧结，耐潮性好，结构牢固，可靠性高，对环境温度等具有优良的稳定性和可靠性。

② 圆柱形瓷介质电容器。圆柱形瓷介质电容器的主体是一个被覆盖有金属内表面电极和外表面电极的陶瓷管。为了满足表面组装工艺的要求，瓷管的直径已从传统管形电容器的 $3\sim6$mm 减小到 $1.4\sim2.2$mm，瓷管的内表面电极从一端引出到外壁，和外表面电极保持一定的距离，外表面电极引至瓷管的另一端。通过控制瓷管内、外表面电极重叠部分的多少，来决定电容器的两个引出端。瓷管的外表面再涂覆一层树脂，在树脂上打印有关标记，这样就构成了圆柱形瓷介质电容器。

（2）钽电解电容器

在各种电容器中，钽电解电容器具有最大的单位体积容量，因而容量超过 0.33μF 的表面组装元器件通常要使用钽电解电容器。钽电解电容器的电解质响应速度快，故在大规模集成电路等需要高速运算处理的场合，使用钽电解电容器最好。而铝电解电容器由于价格上的优势，适合在消费类电子设备中应用。

钽电容器具有比较小的物理尺寸，主要用于小信号、低电压电路，它的电容量和额定电压的适用范围比插装元件明显减小。实践证明，固态电解质钽电容器比液态电解质钽电容器能更好地满足表面组装的要求。片式钽电解电容器有矩形和圆柱形两大类。

① 矩形钽电解电容器。它的正极制造过程为：先将非常细的钽金属粉压制成块，在高温及真空条件下烧结成多孔形基体，然后再对烧结好的基体进行阳极氧化，在其表面生成一层 TaO_5 膜，构成以 TaO_5 膜为绝缘介质的钽粉烧结块正极基体。它的负极制造过程为：在钽负极基体上浸渍硝酸锰，经高温烧结形成固体电解质 MnO_2，再经过工艺处理形成负极石墨层，接着再在石墨层外喷涂铅锡合金等导电层，便构成了电容器的芯子。可以看出，固体钽电解电容器的正极是钽粉烧结块，绝缘介质为 TaO_5，负极为 MnO_2 固体电解质。将电容器的芯子焊上引出线后再装入外壳内，然后用橡胶塞封装，便构成了固体钽电解电容器。有的电容器芯子采用环氧树脂包封的形式以构成固体钽电解电容器。

如图 2-4 所示为钽电解电容器实物。矩形钽电容外壳为有色塑料封装，一端印有深色标志线，为正极。在封面上有电容的容值及耐压值，一般有醒目的标志，以防用错。矩形钽电解电容器的主要性能如表 2-2 所示。

图 2-4　钽电解电容器实物

表 2-2　矩形钽电解电容器的主要性能

温度范围/℃	$-55\sim125$	容量允差	$\pm20\%\sim\pm10\%$
额定电压最高使用温度/℃	85	漏电流/μA	<0.5
额定电压范围/V	$4\sim35$	耐焊接热/℃	260 ± 5
电容范围/μF	$0.047\sim100$		

② 圆柱形钽电解电容器。圆柱形钽电解电容器由阳极、固体半导体阴极组成，采用环氧树脂封装。制作时，将作为阳极引脚的钽金属线放入钽金属粉末中，加压成形；在 $1650\sim 2000℃$ 的高温真空炉中烧结成阳极芯片，将芯片放入磷酸等赋能电解液中进行阳极氧化，形成介质膜，通过钽金属线与磁性阳极端子连接后做成阳极；然后浸入硝酸锰等溶液中，在 $200\sim 400℃$ 的气浴炉中进行热分解，形成二氧化锰固体电解质膜作为阴极；成膜后，在二氧化锰层上沉积一层石墨，再涂银浆，用环氧树脂封装，打印标志后就成为产品。

钽电解电容器具有以下特点。

- 由于钽电解电容器采用颗粒很细的钽粉烧结成多孔的正极，所以单位体积内的有效面积大，而且钽氧化膜的介电常数比铝氧化膜的介电常数大，因此在相同耐压和电容量的条件下，钽电解电容器的体积比铝电解电容器的体积要小得多。

- 使用温度范围宽。一般钽电解电容器都能在 $-40\sim +85℃$ 范围内工作，有的还能在 $+155℃$ 下工作。

- 漏电流小，损耗低，绝缘电阻大，频率特性好。

- 容量大，寿命长，可制成超小型元件。

- 由于钽氧化膜化学性能稳定，而且耐酸、耐碱，因而钽电解电容器性能稳定，长时间工作仍能保持良好的电性能。

- 由于钽电解电容器采用钽金属材料，再加上工艺原因，因而成本高、价格贵。

钽电解电容器主要用于铝电解电容器性能参数难以满足要求的场合，如要求电容器体积小、上下限温度范围宽、频率特性及阻抗特性好、产品稳定性高等军用和民用整机电路。

（3）铝电解电容器

铝电解电容器是有极性的电容器，它的正极板用铝箔，将其浸在电解液中进行阳极氧化处理，铝箔表面上便生成一层三氧化二铝薄膜，其厚度一般为 $0.02\sim 0.03\mu m$。这层氧化膜便是正、负极板间的绝缘介质。电容器的负极是由电解质构成的，电解液一般由硼酸、氨水、乙二醇等组成。为了便于电容器的制造，通常把电解质溶液浸渍在特殊的纸上，再用一条原态铝箔与浸过电解质溶液的纸贴合在一起，这样可以比较方便地在原态铝箔带上引出负极，如图 2-5(a) 所示。将上述的正、负极按其中心轴卷绕，便构成了铝电解电容器的芯子，然后将芯子放入铝外壳封装，便构成了铝电解电容器。为了保证电解质溶液不泄漏、不干涸，在铝外壳的口部用橡胶塞进行密封，如图 2-5(b) 所示。

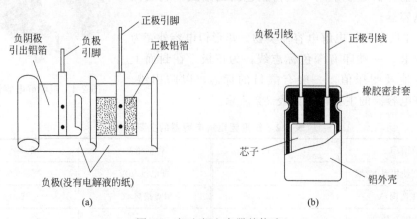

图 2-5 铝电解电容器的构造

　　为了获得较大的电容量且体积又要小，在正极铝箔的一面用化学腐蚀方法形成凹凸不平的表面，使电极的表面积增大，从而使电容量增加。

　　铝电解电容器之所以有极性，是因为正极板上的氧化铝膜具有单向导电性，只有在电容器的正极接电源的正极，负极接电源的负极时，氧化铝膜才能起到绝缘介质的作用。如果将铝电解电容器的极性接反，氧化铝膜就变成了导体，电解电容器不但不能发挥作用，还会因有较大的电流通过，造成过热而损坏电容器。

　　为了防止铝电解电容器在使用时发生意外爆炸事故，一般在铝外壳的端面压制有沟槽式的机械薄弱环节，一旦电解电容器内部压力过高，薄弱环节的沟槽便会开裂，进行泄压防爆。

　　铝电解电容器的实物如图 2-6 所示，在铝电解电容器外壳上的深色标记代表负极，容量值及耐压值在外壳上也有标注。

　　铝电解电容器具有以下特点。

　　① 单位体积的电容量特别大。

　　② 铝电解电容器是有极性的。

　　③ 介电常数较大，一般为 7～10。

　　④ 容量误差大，损耗大，漏电流大，且容量和损耗会随温度的变化而变化。

　　⑤ 工作温度范围狭窄，只适合在 $-20～+50℃$ 范围内工作。

图 2-6　铝电解电容器实物

　　⑥ 工作电压较低，一般为 6.3～400V。

　　⑦ 价格不贵。

　　（4）云母电容器

　　云母电容器的结构很简单，它由金属箔片和薄云母层交错层叠而成。将银浆料印在云母上，然后层叠，经热压后形成电容坯体，再完成电极连接，便得到了片式云母电容器，如图 2-7 所示，层数越多，电容也就越大。

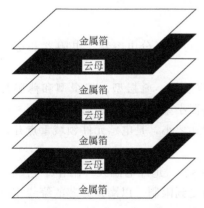

图 2-7　云母电容器结构图

　　云母电容器通常的容值范围为 $1pF～0.1\mu F$，额定电压为 100～2500V 直流电压。常见的温度系数范围从 $(-20～+100)×10^{-6}℃^{-1}$。云母的典型介电常数为 5。

　　片状云母电容器采用天然云母作为电介质，做成矩形片状。由于它具有耐热性好、损耗低、Q 值和精度高、易做成小容量等特点，因而特别适合在高频电路中使用，近年来已在无线通信、硬磁盘系统中大量使用。

　　（5）片式薄膜电容器

　　随着电子产品趋向小型化、便携式，片式产品的需求量逐步增大，薄膜电容器的片式化也有了较大的发展。片式薄膜电容器具有电容量大、阻抗低、寄生电感小、损耗低等优点。它的适用范围日趋扩大，无论在军事、宇航等设备中，还是在工业、家电等消费类设备中，已成为不可缺少的重要电子元件。

　　薄膜电容器是以聚酯、聚丙烯薄膜作为电介质的一类电容器。1985 年以前，片式薄膜电容器是将金属的聚酯薄膜卷绕成电容器芯子，并热压成矩形片状，外电极连接后用环氧树

15

脂封装而成。这种电容器的明显缺点是耐热性差，只适合在较低温度下用再流焊进行组装。日本松下公司开发的以聚苯硫醚薄膜为电介质的薄膜电容器具有较高的耐热性和优异的电性能，从而使片式薄膜电容器得到了广泛的应用。薄膜电容器结构如图 2-8 所示。

片状薄膜电容器实物如图 2-9 所示，其工作温度范围为 $-55 \sim +125℃$，工作电压为 $16 \sim 50V$（直流），容量范围为 $100pF \sim 0.22F$。片式薄膜电容器具有体积小、容量范围大、允许误差低、高频下损耗极小、耐高温及温度系数优良等特点。

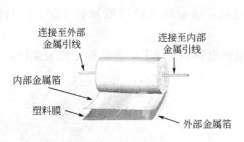

图 2-8　薄膜电容器结构

图 2-9　片状薄膜电容器实物

（6）片式微调电容器

片式微调电容器按所用介质来分有薄膜和陶瓷两类。陶瓷微调电容器在各类电子产品中已经得到了广泛的应用。

与普通微调电容器相比，片式陶瓷微调电容器主要有以下特点：制作片式陶瓷微调电容器的材料具有很高的耐热性，其配件具有优异的耐焊接热特性；小型化，使用中不产生金属渣，安装方便。

可变电容器适合于高频应用，如通信和视频产品。典型的产品系列所包括的范围大约 $1.5 \sim 50pF$ 几个等级，可调范围从小容量值的 2：1 左右到大容量值的 7：1。

2.1.2.3　电感器

矩形片式电感器的正面通常是深灰色。虽然通过颜色可以区分电容器、电阻器和电感器，但最直接的方法是使用万用表，分别测量其电阻值。

按制造工艺来分，片式电感器主要有 4 种类型，即绕线型、叠层型、编织型和薄膜片式。常用的是绕线型和叠层型两种。前者是传统绕线电感器小型化的产物；后者则采用多层印刷技术和叠层生产工艺制作，体积比绕线型片式电感器还要小，是电感元件领域重点开发的产品。

①　绕线型。它的特点是电感量范围广、精度高、损耗小、允许电流大，制作工艺继承性强、简单、成本低，但不足之处是在进一步小型化方面受到限制。以陶瓷为芯的绕线型电感器在高频率下能够保持稳定的电感量和相当低的损耗值，因而在高频回路中占据一席之地。

②　叠层型。它具有良好的磁屏蔽性，烧结密度高，机械强度好。不足之处是合格率低、成本高、电感量较小、损耗大。

它与绕线型片式电感器相比有许多优点：尺寸小，有利于电路的小型化；磁路封闭，不会干扰周围的元器件，也不会受临近元器件的干扰，有利于元器件的高密度安装；一体化结构，可靠性高；耐热性、可焊性好；形状规整，适合于自动化表面安装生产。

③ 薄膜片式。具有在微波频段保持低损耗、高精度、高稳定性和小体积的特性。其内电极集中于同一层面，磁场分布集中，能确保贴装后的器件参数变化不大，在 100MHz 以上呈现良好的频率特性。

④ 编织型。特点是在 1MHz 以下单位体积电感量比其他片式电感器大，体积小，容易安装在基片上。可用做功率处理的微型磁性元件。

各类型电感器的外形图如图 2-10～图 2-15 所示。

图 2-10　用于信号电路的电感器

图 2-11　用于电源电路的电感器

图 2-12　线路滤波电感器

图 2-13　扁平电缆用电感器

图 2-14　NFR21G RC 双向 T 形滤波器

图 2-15　BLM03 系列铁氧体磁珠过滤器

2.1.3　表面组装片式有源器件（SMD）

2.1.3.1　分立器件的封装

大多数表面组装分立器件都是塑料封装。功耗在几瓦以下的功率器件的封装外形已经标准化。目前常用的分立器件包括二极管、三极管、小外形晶体管和片式振荡器等。

典型 SMD 分立元件的分立引脚外形示意图如图 2-16 所示。

两端 SMD 有二极管和少数三极管器件，三端 SMD 一般为三极管类器件，四至六端 SMD 大多封装了两只三极管或场效应管。

（1）二极管

用于表面组装的二极管有三种封装形式。第一种是圆柱形的无引脚二极管，其封装结构

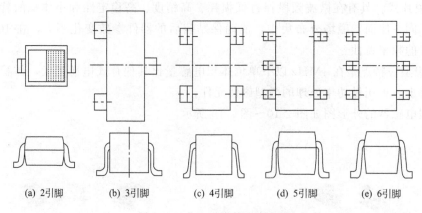

(a) 2引脚　　(b) 3引脚　　(c) 4引脚　　(d) 5引脚　　(e) 6引脚

图 2-16　分立引脚外形示意图

是将二极管芯片装在具有内部电极的细玻璃管中，玻璃管两端装上金属帽作为正负电极。外形尺寸有 1.5mm×3.5mm 和 2.7mm×5.2mm 两种。如图 2-17 所示为圆柱形二极管。

　　第二种为塑料封装矩形薄片，外形尺寸为 3.8mm×1.5mm×1.1mm，可用在 VHF（Very High Frequency，甚高频率）频段到 S 频段，采用塑料编带包装，如图 2-18 所示。

　　第三种是 SOT23 封装形式的片状二极管，外形如图 2-19 所示，多用于封装复合二极管，也用于封装高速开关二极管和高压二极管。

图 2-17　圆柱形二极管

图 2-18　塑料封装矩形薄片

图 2-19　SOT23 封装二极管

（2）三极管

　　晶体三极管是半导体基本元器件之一，具有电流放大作用，是电子电路的核心组件。如图 2-20 所示为 SOT89 封装三极管，如图 2-21 所示为 SOT143 封装三极管。

图 2-20　SOT89 封装三极管

图 2-21　SOT143 封装三极管

　　表贴三极管可分为双极型-极管和场效应管，一般称它们为片状三极管和片状场效应管。片状三极管的封装形式很多。一般来讲，封装尺寸小的大都是小功率三极管，封装尺寸大的多为中功率三极管。一般片状三极管很少有大功率管。片状三极管有 3 个引脚的，也有 4～6 个引脚的，其中 3 个引脚的为小功率普通三极管，4 个引脚的为双栅场效应管或高频三极管，而 5～6 个引脚的为组合三极管。

（3）小外形晶体管

小外形塑封晶体管 SOT（Small Outline Transistor），又称做微型片式晶体管，它作为最先问世的表面组装有源器件之一，通常是一种三端或四端器件，主要用于混合式集成电路，被组装在陶瓷基板上，近年来已大量用于环氧纤维基板的组装。小外形晶体管主要包括 SOT23、SOT89 和 SOT143 等。

① SOT23。SOT23 是通用的表面组装晶体管，其外部结构如图 2-19 所示。SOT23 封装有三条翼形引脚，引脚材质为 42 号合金，强度好，但可焊性差。这类封装常见于小功率晶体管、场效应管、二极管和带电阻网络的复合晶体管。该封装可容纳的最大芯片尺寸是 0.030in×0.030in，在空气中可耗散达 200mW 的功率。它有低、中、高三种断面图，以满足混合电路和印制电路的不同要求。高引脚封装更适合于 PCB，因为它更易清洗。

SOT23 表面均印有标记，通过相关半导体器件手册可以查出对应的极性、型号与性能参数。SOT23 采用编带包装，现在也普遍采用模压塑料空腔带包装。

② SOT89。为了能更有效地通过基板散热，这种封装平贴在基板表面上。其外部结构如图 2-20 所示。SOT89 的集电极、基极和发射极从管子的同一侧引出，管子底面有金属散热片和集电极相连。SOT89 具有 3 条薄的短引脚，分布在晶体管的一端，通常用于较大功率的器件。SOT89 最大封装管芯尺寸为 0.60in×0.60in。在 25℃的空气中，它可以耗散 500mW 的热量，这类封装常见于硅功率表面组装晶体管。

③ SOT143。SOT143 有 4 条翼形短引脚，引脚中宽度偏大一点的是集电极。它的散热性能与 SOT23 基本相同，这类封装常见于双栅场效应管及高频晶体管，一般用作射频晶体管。它与 SOIC 封装相似，只是 PCB 间隙较小。其封装管芯外形尺寸、散热性能、包装方式及在编带上的位置与 SOT23 基板相同。SOT143 的外形如图 2-21 所示。

2.1.3.2　SMD 集成电路的封装

（1）小外形集成电路

小外形集成电路 SOIC 又称小外形封装 SOP 或小外形 SO，它由双列直插式封装 DIP 演变而来，其外形如图 2-22 所示。J 形引脚的 SOIC 又称 SOJ，这种引脚结构不易损坏，且占用 PCB 面积较小，能够提高装配密度。与 J 形引脚封装相比，SOIC 在装卸搬运过程中需要格外小心，以防损坏引脚。鸥翼形引脚的 SOP 封装特点是引脚容易焊接，在工艺过程中检测方便，但占用 PCB 的面积较 SOJ 大。

(a) SOJ封装　　　　　　(b) SOP封装　　　　　　(c) TSOP封装

图 2-22　SOIC 封装

（2）无引脚陶瓷芯片载体

陶瓷芯片载体封装的芯片是全密封的，具有很好的环境保护作用，一般用于军品中。陶瓷芯片载体分为无引脚和有引脚两种结构，前者称为 LCCC（Leadless Ceramic Chip

Carrier），后者称为 LDCC（Leaded Ceramic Chip Carrier）。由于 LCCC 没有金属线，若直接组装在有机电路板上，则会由于温度、热膨胀系数不同，在焊点上造成应力，甚至引起焊点开裂，因而出现了后来的 LDCC。LDCC 用铜合金或可代合金制成 J 形或鸥翼形引脚，焊在 LCCC 封装体的镀金凹槽端点，从而成为有引脚陶瓷芯片载体。由于这种附加引脚的工艺复杂烦琐，成本高且不适于大批量生产，故目前这类封装很少采用。

　　LCCC 的外壳采用 90%～96% 的氧化铝或氧化陶瓷片，经印制布线后叠片加压，在保护气体中高温烧结而成，然后粘贴半导体芯片，完成芯片外壳与外端子间的连线，再加上顶盖进行密封封装。LCCC 芯片载体封装的特点是没有引脚，在封装体的四周有若干个城堡状的镀金凹槽，作为与外电路连接的端点，可直接将它焊到 PCB 的金属电极上。这种封装因为无引脚，故寄生电感和寄生电容都较小。同时，由于 LCCC 采用陶瓷基板作为封装，密封性和抗热应力都较好。LCCC 成本高，安装精度高，不宜大规模生产，仅在军事及高可靠性领域使用的表面组装集成电路中采用，如微处理单元、门阵列和存储器等。

　　LCCC 的电极中心距主要有 1.0mm 和 1.27mm 两种，其外形有矩形和方形。常用的矩形 LCCC 有 18、22、28 和 32 个电极数，方形 LCCC 则有 16、20、24、28、44、52、68、84、109、124 和 156 个电极数。引脚中心距 0.05in 的无引脚陶瓷芯片载体又进一步分为 A、B、C 和 D 型，这 4 种封装形式已建立在 JEDEC 中，其中两种是为插座式组装设计的，标准为 MS002～MS005。LCCC 封装如图 2-23 所示。

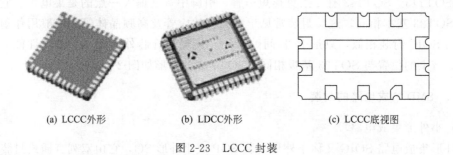

(a) LCCC外形　　　　　(b) LDCC外形　　　　　(c) LCCC底视图

图 2-23　LCCC 封装

　　LCCC 封装有依靠空气散热和通过 PCB 基板散热两种类型。安装时可直接将 LCCC 贴装在 PCB 上，封装体盖板无论朝上或朝下都可以，盖板的朝向是对器件芯片背面而言的，芯片背面是封装热传导的主要途径。当芯片背面朝向 PCB 基板时，器件产生的热量主要通过基板传导出去。因此，采用盖板朝上的 LCCC 封装，不宜用空气对流冷却系统。

　　（3）塑封有引脚芯片载体

　　塑封有引脚芯片载体 PLCC 采用在封装体四周具有下弯曲的 J 形短引脚，如图 2-24（a）所示。由于 PLCC 组装在电路基板表面，不必承受插拔力，故一般采用铜材料制成，这样可以减小引脚的热阻柔性。当组件受热时，还能有效地吸收由于器件和基板间热膨胀系数不一致而在焊点上造成的应力，防止焊点断裂。但这种封装的 IC 被焊在 PCB 上后，检测焊点比较困难。PLCC 的引脚数一般为数十至上百条，这种封装一般用在计算机微处理单元 IC、专用集成电路 ASIC 和门阵列电路等处。

　　每种 PLCC 表面都有标记点定位，以供贴片时判断方向，使用 PLCC 时要特别注意引脚的排列顺序。与 SOIC 不同，PLCC 在封装体表面并没有引脚标识，它的标识通常为一个斜角，如图 2-24（b）所示。一般将此标识放在向上的左手边，若每边的引脚数为奇数，则中

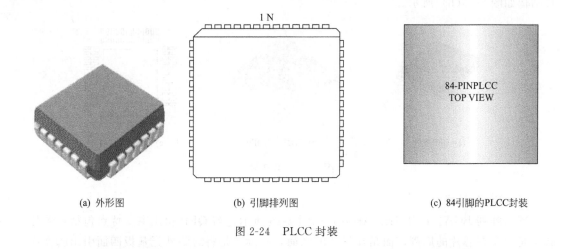

| (a) 外形图 | (b) 引脚排列图 | (c) 84引脚的PLCC封装 |

图 2-24 PLCC 封装

心线为 1 号引脚；若每边的引脚数为偶数，则中心的两条引脚中靠左的引脚为 1 号。通常从标识处开始计算引脚的起止。

PLCC 的引脚具有可塑性，以便吸收焊点的应力，从而避免焊点开裂。由于 J 形引脚在设计上已考虑到引脚的可塑性，因而应确保引脚端和边沿不与塑料壳相接触。PLCC 中值得关注的问题是：当引脚弯曲而碰到塑料壳时，引脚的移动会受到限制，从而成为非可塑性。如果在运输或装卸过程中引脚被弄弯，就可能发生该情况。

（4）方形扁平封装

方形扁平封装 QFP（Quad Flat Package）是专为小引脚间距表面组装 IC 而研制的封装形式。QFP 封装体外形尺寸规定，必须使用 5mm 和 7mm 的整数倍，到 40mm 为止。QFP 的引脚是用合金制作的，随着引脚数增多，引脚厚度、宽度变小，J 形引脚封装就很困难，因而 QFP 器件大多采用鸥翼形引脚，引脚中心距有 1.0mm、0.8mm、0.6mm、0.5mm 直至 0.3mm 等多种，引脚数为 44～160 个。

QFP 也有矩形和方形之分。引脚形状有鸥翼形、J 形和 I 形。J 形引脚的 QFP 又称为 QFJ。QFP 的封装结构如图 2-25 所示。QFP 封装由于引脚数多，接触面较大，因而具有较高的焊接强度，但在运输、储存和安装中，引脚易折弯和损坏，使封装引脚的共面度发生改变，影响器件引脚的共面焊接，因而在使用中要特别注意。按有关规定，器件引脚的共面性误差不能大于 0.1mm，即各引脚端和基板的间隙差至少要小于 0.1mm。

多引脚、细间距的 QFP 在组装时要求贴片机具有高精度，确保引脚和电路板上焊盘图形对准，同时还应配备图形识别系统，在贴装前对每块 QFP 器件进行外形识别，判断器件引出线的完整性和共面性，以便把不合格的器件剔除，确保各引脚的焊点质量。

方形封装也有某些局限性。在运输、操作和安装时，引脚易损坏，引脚共面度易发生畸变，尤其是角处的引脚更易损坏，且薄的本体外形易碎裂。在装运中，把每一只封装放入相应的载体中，从而把引脚保护起来，这又使得成本显著增加。

为了避免方形封装的这些问题，美国开发了一种特殊的 QFP 器件封装，其鸥翼形引脚中心间距为 0.025in，可容纳的引脚数为 44～244 个，这种封装突出的特征是：它有一个脚垫用于减震，一般外形比引脚长 3mil，以保护引脚在操作、测试和运输过程中不受损坏，其结构如图 2-25(b) 所示。

(a) QFP外形　　　　　(b) 带脚垫的QFP　　　　　(c) QFP引线排列

图 2-25　QFP 封装

（5）BGA 封装

球栅阵列 BGA（Ball Grid Array）如图 2-26 所示，与 QFP 相比主要特点包括：芯片引脚不是分布在芯片的周围，而是在封装的底面，实际上是将封装外壳基板四面引出脚变成以面阵布局的 Pb-Sn 凸点引脚，凸点常见间距有 1.0mm、1.27mm、1.5mm，目前最小间距 1.0mm，BGA 可容纳的 I/O 数目多；引脚间距远大于 QFP 方式，提高了成品率；封装可靠性高，焊点缺陷率低，焊点牢固；对中与焊接不困难；焊接共面性较 QFP 容易保证，可靠性大大提高；有较好的电特性，特别适合在高频电路中使用；由于端子小，导体的自感和互感很低，频率特性好；再流焊时，焊点之间的张力产生良好的自动对中效果，允许有 50％的贴片精度误差；信号传输延迟小，适应频率大大提高；能与原有的 SMT 贴装工艺和设备兼容。

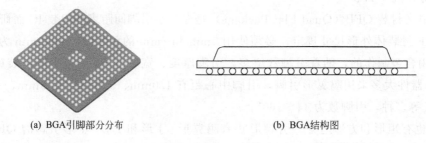

(a) BGA引脚部分分布　　　　　　　　　(b) BGA结构图

图 2-26　BGA 封装

BGA 工作时的芯片温度接近环境温度，其散热性良好。但 BGA 封装也具有一定的局限性，主要表现在：BGA 焊后检查和维修比较困难，必须使用 X 射线透视或 X 射线分层检测，才能确保焊接连接的可靠性，设备费用大；易吸湿，使用前应先做烘干处理。

（6）芯片级封装

芯片级封装 CSP（Chip Scale Package）是 BGA 进一步微型化的产物，产生于 20 世纪 90 年代中期，它的封装尺寸与裸芯片相同或封装尺寸比裸芯片稍大（通常封装尺寸与裸芯片之比定义为 1.2：1）。CSP 外端子间距大于 0.5mm，并能适应再流焊组装。

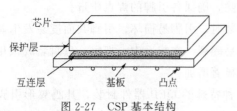

图 2-27　CSP 基本结构

CSP 的封装结构如图 2-27～图 2-29 所示。无论是柔性基板还是刚性基板，CSP 封装均是将芯片直接放在凸点上，然后由凸点连接引线，完成电路的连接。

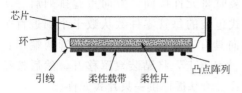

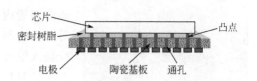

图 2-28　柔性基板封装 CSP 结构　　　　图 2-29　刚性基板封装 CSP 结构

CSP 器件具有的优点包括：CSP 器件质量可靠；封装尺寸比 BGA 小；安装高度低；CSP 虽然是更小型化的封装，但比 BGA 更平，更易于贴装，贴装公差小于 ±0.3mm；它比 QFP 提供了更短的互连，因此电性能更好，即阻抗低、干扰小、噪声低、屏蔽效果好，更适合在高频领域应用，具有高导热性。

如图 2-30 所示为用 CSP 技术封装的内存条。可以看出，采用 CSP 技术后，内存颗粒所占用的 PCB 面积大大减小。

2.1.4　表面组装元器件的使用

2.1.4.1　表面组装元器件的包装方式

表面组装元器件的包装形式已经成为 SMT 系统中的重要环节，它直接影响组装生产的效率，必须结合贴片机送料器的类型和数目进行

图 2-30　CSP 封装的内存条

优化设计。表面组装元器件的包装形式主要有 4 种，即编带、管装、托盘和散装。

（1）编带包装

编带包装是应用最广泛、时间最久、适应性强、贴装效率高的一种包装形式，并已标准化。除 QFP、PLCC 和 LCCC 外，其余元器件均采用这种包装方式。编带包装所用的编带主要有纸带、塑料袋和黏结式带 3 种。纸带主要用于包装片式电阻、电容；塑料袋用于包装各种片式无引脚组件、复合组件、异形组件、SOT、SOP、小尺寸 QFP 等片式组件。

如图 2-31 所示为编带包装料带盘及料带。

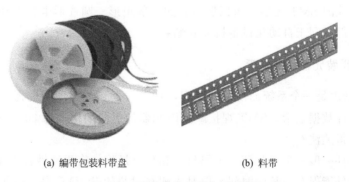

（a）编带包装料带盘　　　　　　（b）料带

图 2-31　编带包装料带盘及料带

（2）管式包装

管式包装如图 2-32 所示，主要用来包装 SOP、SOJ、PLCC 集成电路、PLCC 插座和异

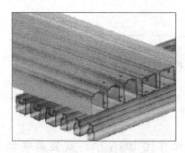

图 2-32　管式包装

形元器件等。包装时将元件按同一方向重叠排列后一次装入塑料管内，管式包装的每管零件数从数十个到近百个不等，管中组件方向具有一致性，不可装反，管两端用止动栓插入贴片机的供料器上，将贴装盒罩移开，然后按贴装程序，每压一次管就给基板提供一只片式元件。

管式包装材料的成本高，且包装的元件数受限。同时，若每管的贴装压力不均衡，则元件易在细狭的管内被卡住。但对表面组装集成电路而言，采用管式包装的成本比托盘包装要低，不过贴装速度不及编带方式。管式的硬塑料可以避免元器件运输中被损坏。

（3）托盘包装

托盘由碳粉或纤维材料制成，通常要求暴露在高温下的元器件托盘具有 150℃或更高的耐温性。托盘铸塑成矩形标准外形，包含统一相间的凹穴矩阵，凹穴托住元器件，提供运输和处理期间对元器件的保护。间隔为在电路板装配过程中用于贴装的标准工业自动化设备提供准确的元器件位置。元器件安排在托盘内，标准的方向是将第一引脚放在托盘斜切角落。托盘包装主要用于 QFP、窄间距 SOP、PLCC、BCA 集成电路等器件。托盘有单层、三层、十层、十二层、二十四层自动进料的托盘送料器。单层托盘包装 SMD 如图 2-33 所示。

(a) 装有实物的托盘　　　　　　　(b) 空托盘

图 2-33　单层托盘包装

（4）散装

无引线无极性的 SMT 元器件可以散装，如一般矩形、圆柱形电容器和电阻器。散装的元器件成本低，但不利于自动化设备拾取和贴装。

2.1.4.2　表面组装元器件的保管

SMT 品质管理是一个系统而复杂的工程，任何一个环节出现问题都会引起焊接缺陷率的增加。有关统计数据显示，SMT 焊接缺陷因元器件引起的比例为 20%～25%，表面组装元器件的保管值得关注。

表面组装器件一般有陶瓷封装、金属封装和塑料封装。前两种封装的气密性较好，不存在密封问题，器件能保存较长的时间，但对于塑料封装的 SMD 产品，由于塑料自身的气密性较差，所以要特别注意塑料表面组装器件的保管。

绝大部分电子产品中所用的 IC 器件，其封装均采用模压塑料封装，原因是大批量生产易降低成本。但由于塑料制品有一定的吸湿性，因而塑料器件属于潮湿敏感器件。由于通常的再流焊或波峰焊，都是瞬时对整个 SMD 加热，等焊接过程中的高热施加到已经吸湿的塑封 SMD 壳体上时，所产生的热应力会使塑壳与引脚连接处发生裂缝，裂缝会引起壳体渗漏并受潮而慢慢地失效，还会使引脚松动从而造成早期失效。

（1）塑料封装表面组装器件的储存

塑料封装的表面组装器件在存储和使用中应注意：库房室温低于 40℃，相对湿度小于 60％，这是塑料封装表面组装器件储存场地的环境要求；塑料封装 SMD 出厂时，都被封装于带干燥剂的潮湿包装袋内，并注明其防潮湿有效期为一年，不用时不开封。

（2）塑料封装表面组装器件的开封使用

开封时先观察包装袋内附带的湿度指示卡。当所有黑圈都显示蓝色时，说明所有的 SMD 都是干燥的，可以放心使用；当 10％和 20％的圈变成粉红色时，也是安全的；当 30％的圈变成粉红色时，即表示 SMD 有吸湿的危险，并表示干燥剂已经变质；当所有的圈都变成粉红色时，即表示所有的 SMD 已严重吸湿，贴装前一定要对该包装袋中所有的 SMD 进行驱湿烘干处理。

下面介绍湿度指示卡读法。湿度指示卡有许多品种，但基本上可以归纳为六圈式和三圈式，三圈式如图 2-34 所示。六圈式可显示的湿度为 10％、20％、30％、40％、50％和 60％，三圈式只有 30％、40％和 50％，其所指示的某相对湿度是介于粉红色圈和蓝色圈之间的淡紫色圈所对应的百分数。例如，30％的圈变成粉红色，40％的圈仍显示蓝色，则蓝色与粉红色之间显示淡紫色的圈旁的 30％，即为相对湿度值。

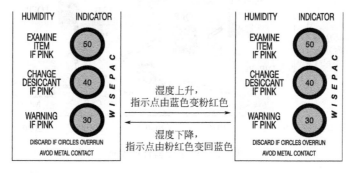

图 2-34　三圈式湿度指示卡

（3）包装袋开封后的操作

SMD 的包装袋开封后，应遵循要求从速取用。生产场地的环境为：室温低于 30℃、相对湿度小于 60％；生产时间极限为：QFP 为 10h，其他（SOP、SOJ、PLCC）为 48h（有些为 72h）。

所有塑封 SMD，当开封时发现湿度指示卡的湿度为 30％以上或开封后的 SMD 未在规定的时间内装焊完毕，以及超期贮存 SMD 时，在贴装前一定要先进行驱湿烘干。烘干方法分为低温烘干法和高温烘干法。

低温烘干法中的低温箱温度为（40±2）℃，适用的相对湿度小于 5％，烘干时间为 192h；高温烘干法中的烘箱温度为（125±5）℃，烘干时间为 5～8h。

凡采用塑料管包装的 SMD（SOP、SOJ、PLCC、QFP 等），其包装管不耐高温，不能直接放进烘箱中烘烤，应另行放在金属管或金属盘内才能烘烤。

QFP 的包装塑料盘有不耐高温和耐高温两种。耐高温的可直接放入烘箱中进行烘烤；

不耐高温的不能直接放入烘箱烘烤，以防发生意外，应另放在金属盘进行烘烤。转放时应防止损伤引脚，以免破坏其共面性。

（4）剩余 SMD 的保存方法

① 配备专用低温低湿储存箱。将开封后暂时不用的 SMD 连同送料器一起存放在箱内，但配备大型专用低温低湿储存箱的费用较高。

② 利用原有完好的包装袋。只要袋子不破损且内装干燥剂良好，仍可将未用完的 SMD 重新装回袋内，然后用胶带封口。

2.1.5 表面组装元器件的发展趋势

表面组装元器件发展至今，已有多种封装类型用于电子产品的生产。表面组装元器件引脚间距由最初的 1.27mm 发展至 0.8mm、0.65mm、0.4mm、0.3mm，封装类型由 SOP 发展到 BGA、CSP 及 FC。为了达到系统延迟的最小化，芯片封装应更接近，间距更小，因此半导体元器件向多引脚、轻重量、小尺寸、高速度的方向发展，如图 2-35 所示。

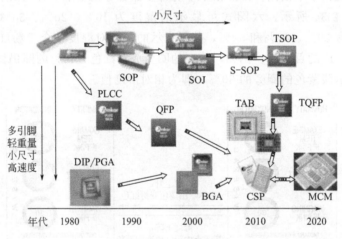

图 2-35　电子元器件的发展

2.2　电路板

2.2.1　纸基覆铜箔层压板

纸基覆铜箔层压板 CCL（Copper Clad Laminate），简称纸基 CCL，是用浸渍纤维纸作为增强材料，浸以树脂溶液并经干燥加工后，覆以涂胶的电解铜箔，经高温高压的压制成型所制成的覆铜板，又称为纸基覆铜板。

纸基覆铜板按照美国 ASTM/NEMA 标准规定的型号，主要品种有：FR-1，FR-2，FR-3（以上为阻燃类板）及 XPC，XXXPC（以上为非阻燃类板）等类型产品。亚洲地区主要采用 FR-1 和 XPC 两种类型产品；欧美等地区则主要使用 FR-2、FR-3 及 XXXPC 类型产品。

由于纸基覆铜板绝大多数的生产、使用都在亚洲地区，又因日本在此类型产品制造技术方面在世界居领先地位，所以，在执行纸基覆铜板的技术标准时，其权威标准（包括性能指标和试验方法）是日本工业标准（JIS 标准）。

纸基覆铜板部分型号对照表如表 2-3 所示。

表 2-3　纸基覆铜板部分型号对照表

名　称	树脂体系	特　性	NEMA	IPC	JIS	GB
覆铜箔酚醛纸层压板	酚醛树脂	一般电特性、冷冲	XPC	00	PP-7	CPECP-04
覆铜箔酚醛纸层压板	酚醛树脂	高电特性、冷冲	XXXPC	01	PP-3	CPECP-02
覆铜箔酚醛纸层压板	酚醛树脂、阻燃	一般电特性、冷冲	FR-1	02	PP-7F	CPECP-09F
覆铜箔酚醛纸层压板	酚醛树脂、阻燃	高电特性、冷冲	FR-2	03	PP-3F	CPECP-06F
覆铜箔酚醛纸层压板	酚醛树脂、阻燃	高电特性、冷冲	FR-3	04	PE-1	CPECP-22F

注：1. NEMA——美国电气制造商协会标准；

2. IPC——IPC 标准；

3. JIS——日本工业协会标准；

4. GB——中华人民共和国标准。

FR-1 和 XPC 覆铜板大都采用漂白浸渍木浆纸作为增强材料，以改性酚醛树脂为树脂黏合剂。在制造中，所用的电解铜箔标称厚度一般为 $35\mu m$（1 盎司/平方英尺）规格，厚度为 1.66mm，板面 1020mm×1220mm（最常用产品面积），即一张覆单面铜箔的 FR-1 板，质量一般为 3.00～3.10kg；一张该面积大小的 XPC 板，质量一般为 2.85～2.95kg。板的常用厚度规格为 0.8mm、1.0mm、1.2mm、1.6mm 和 2.0mm。

纸基覆铜板的特点如下所述。

① 纸基疏松，只能冲孔，不能钻孔，吸水性高；相对密度小。

② 介电性能及力学性能不如环氧板。

③ 耐热性、力学性能与环氧-玻纤布基覆铜板相比较低。

④ 成本低、价格便宜，一般在民用产品中被广泛使用。

⑤ 一般只适合制作单面板；在焊接过程中应注意温度调节，并注意 PCB 的干燥处理，防止温度过高使 PCB 出现起泡现象。

2.2.2　环氧玻璃纤维布覆铜板

环氧树脂或改性环氧树脂为黏合剂制作的玻璃纤维布覆铜板是当前覆铜板中产量最大、使用最多的一类。在 NEMA 标准（美国电气制造商协会标准）中，环氧玻璃纤维布覆铜板有 4 个型号：G-10（不阻燃）、FR-4（阻燃）、G-11（保留热强度，不阻燃）和 FR-5（保留热强度，阻燃）。在覆铜板产品中，非阻燃产品的用量在逐步减少。在环氧玻璃纤维布覆铜板中，90％以上的产品为 FR-4 型。当前，FR-4 型产品已发展为一大类可适用于不同用途的环氧玻璃纤维布覆铜板的总称。在 IP-4101 标准中已经命名的属于 FR-4 型覆铜板的产品有：24 号产品，其树脂体系的主体为改性或不改性环氧树脂，阻燃 T_g 150～200℃；25 号产品，树脂体系为环氧 PPO 树脂，阻燃 T_g 150～200℃；26 号产品，树脂体系为环氧树脂（用于加成法工艺），阻燃 T_g 170～220℃等。

在 FR-4 型产品中，还有一种不是覆铜板，但销量却非常大的产品——半固化片。半固化片用于多层印制板制作时把各内层板黏结起来，也是一种性能要求很高的产品。

不同型号环氧玻璃纤维布覆铜板的生产工艺流程基本相同，它们的主要区别是树脂配方不同。

环氧玻璃纤维布覆铜板的特点如下所述。

① 可以冲孔和采用高速钻孔技术，通孔孔壁光滑，金属化效果好。

② 低吸水性，工作温度较高，本身性能受环境影响小。

③ 电气性能优良，力学性能好，尺寸稳定性、抗冲击性比酚醛纸基覆铜板要高。

④ 适合制作单面板、双面板和多层板。

⑤ 适合制作中、高档民用电子产品。

环氧玻璃纤维布覆铜板生产工艺流程，一般是分段式生产，它主要由四段构成：第一段为树脂配制；第二段为基材上胶；第三段为叠合（国外称叠书）与层压；第四段为修边、检验和包装。

环氧玻璃纤维布覆铜板是覆铜板所有品种中用途最广、用量最大的一类。它广泛应用于通信、计算机、仪器仪表、数字电视、卫星、雷达等产品中。随着电子产品向轻、薄、短小和数字化方向发展，印制电路板向精细图形、高密度、多层方向发展，原来使用纸基覆铜板的电子产品，逐步改用玻璃纤维布覆铜板，使纸基覆铜板发展滞缓，玻璃纤维布覆铜板特别是多层 PCB 用玻璃纤维布覆铜板得到更为迅速的发展。

2.2.3　复合基覆铜板

复合基材印制板使用的基材面料和芯料是由不同增强材料构成的。复合基覆铜板在机械性能和制造成本上介于纸基覆铜板、环氧玻璃纤维布覆铜板两者之间。复合基使用的覆铜板基材主要是 CEM（Composite Epoxy Material）系列，其中以 CEM-1 和 CEM-3 最具代表性。

（1）CEM-1 覆铜板

它是在 FR-3 基础上改进而来的。FR-3 是纸基浸渍环氧树脂与铜箔复合制成的。CEM-1则是在纸基浸渍环氧树脂后，再双面复合一层玻璃纤维布，然后再与铜箔复合热压，因此CEM-1 结构上比 FR-3 多了两层玻璃纤维布，所以 CEM-1 机械强度、耐潮性、平整度、耐热性、电气性能等综合性能，均比纸基 CCL 优异。因此，CEM-1 能用来制作频率特性要求高的 PCB，如电视机的调谐器、电源开关、超声波设备、计算机电源和键盘，也可以用于电视机、录音机、收音机、电子设备仪表、办公自动化设备等。CEM-1 是 FR-3 理想的取代产品。其结构如图 2-36 所示。

CEM-1 覆铜板具有以下特点。

① 主要性能优于纸基覆铜板。

② 优秀的机械加工性能。

③ 成本比玻璃纤维布覆铜板低。

（2）CEM-3 覆铜板

它是由 FR-4 改良而来的。CEM-3 在结构上是采用玻璃毡（又称无纺布）浸渍环氧树脂后，再两面合贴玻璃纤维布，然后与铜箔复合，热压成型。它与 FR-4 的区别在于，采用玻璃毡取代大部分玻璃纤维布，在机械性能方面增大了"韧性"程度。通常 CEM-3 是直接制作成双面覆铜板，CEM-3 板材在钻孔加工中，加工的方便程度要高于 FR-4，其原因就在于玻璃毡在结构上比玻璃纤维疏松，此外在冲孔加工中也比 FR-4 优异。

CEM-3 相比 FR-4 的不足之处在于，CEM-3 的厚度、精度不及 FR-4，PCB 焊接后，扭曲程度也比 FR-4 高。

　　总之，CEM-3 是与 FR-4 近似的产品，能适用于多种电子产品制作 PCB 用，特别是在价格上有很大的优势。其结构如图 2-37 所示。

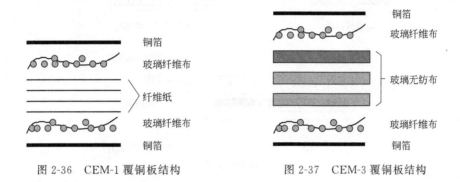

图 2-36　CEM-1 覆铜板结构　　　　图 2-37　CEM-3 覆铜板结构

CEM-3 覆铜板具有以下特点。

① 基本性能相当于 FR-4 覆铜板。

② 优秀的机械加工性能。

③ 使用条件与 FR-4 覆铜板相同。

④ 成本低于 FR-4 覆铜板。

　　有的 CEM-3 产品，在耐漏电起痕（CTI）、板的尺寸精度、尺寸稳定性等方面，已优于一般的 FR-4 产品。用 CEM-1、CEM-3 代替 FR-4 基板制造双面 PCB，目前已在日本、欧美等国家和地区得到了广泛的应用。

2.2.4　金属基覆铜板

　　金属基覆铜板一般是由金属基板、绝缘介质层和导电层（一般为铜箔）三部分组成，即将表面经过处理的金属基板的一面或两面覆以绝缘介质层和铜箔，经热压复合而成。

　　（1）金属基覆铜板分类

　　从金属基板的结构上划分，常见的有三种，即金属基板、包覆型金属基板和金属芯基板。金属基板是以金属板（铝、铜、铁、钼等）为基材，在其基板上覆有绝缘介质层和导电层（铜箔）；包覆型金属基板是在金属板的六面包覆一层釉料，经烧结而成一体的底基材，在此上经丝网漏印、烧结制成导体电路图形；金属芯基板一般由金属殷钢（铁镍合金）芯材，在其表面涂覆一层有机高分子绝缘介质层，或将其复合在半固化片上或 PET 薄膜之中，覆上导体箔（有的用加成法直接形成导电图形），如图 2-38 所示。其中，金属基板是最常见、用量最多的一种。

　　金属基板从其组成上分类，可分为：铝基覆铜板、铁基覆铜板、铜基覆铜板、钼基覆铜板。金属基覆铜板从特性上分类，可分为：通用型金属基覆铜板，阻燃型金属基覆铜板，高耐热型金属基覆铜板，高导热型金属基覆铜板，超高导热型金属基覆铜板，高频、微波型金属基覆铜板及多层金属基覆铜板。

　　（2）金属基覆铜板的主要特性

　　金属基覆铜板的特性主要是由占有绝大部分板厚成分的金属板性能决定的。表 2-4 给出了环氧玻璃布基覆铜板（FR-4）、金属基（铝基）覆铜板一般特性的对比。

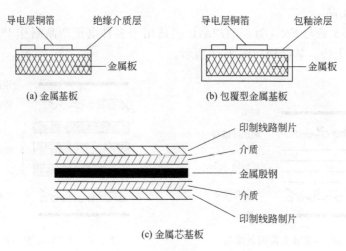

图 2-38　金属基覆铜板的分类

表 2-4　不同基材覆铜板特性对比

特性	金属基覆铜板	环氧玻璃布基覆铜板
散热性	◎	△
机械强度	◎	○
尺寸稳定性	○	△
机械加工性	◎	×
大型基板化	◎	◎
电磁波屏蔽性	◎	×
高频性	△	○
多层配线性	×	◎

注：◎代表很好，○代表好，△代表一般，×代表差。

①　优异的散热性能。金属基覆铜箔板具有优良的散热性能，这是此类板材最突出的特点。用它制成的 PCB，可防止在 PCB 上装载的元器件及基板的工作温度上升，也可将电源功放元件、大功率元器件、大电路电源开关等元器件产生的热量迅速散发。在不同类型的金属基板中，以铜做基材的金属基板散热性最好。但铜板与铝板若用同样体积比，铜的价格高，密度大，并不适于基板材料向轻量化发展，因此未广泛采用。只有制造高散热性金属基板时，才少量采用铜板。铝板比铁板散热性好。表 2-5 给出了各种不同基板的散热特性（以热阻表示）对比情况。

表 2-5　各种不同基板散热特性对比

基　　板	厚度/mm	饱和热阻/(℃/W)
环氧玻璃布基板	1.2	7.83
陶瓷基板	0.6	1.19
铁基环氧玻璃布基板	1.0	1.78
铁基-环氧树脂板	1.0	1.35
铝基-环氧树脂板	1.0	1.10

② 良好的机械加工性能。金属基覆铜板具有高机械强度和韧性，此点大大优于刚性树脂类覆铜板和陶瓷基板，因此可在金属基板上实现大面积的印制板的制造。重量较大的元器件可在此类基板上安装。另外，金属基板还具有良好的平整度，可在基板上进行敲锤、铆接等方面的组装加工。在其制成的 PCB 上，非布线部分也可以进行折曲、扭曲等方面的机械加工。

③ 优异的尺寸稳定性。对于各种覆铜板来说都存在着热膨胀（尺寸稳定性）问题，特别是板的厚度方向（Z 轴）的热膨胀，使金属化孔、线路的质量受到影响。而铁、铝基板的线膨胀系数比一般的树脂类基板小得多，更接近于铜的线膨胀系数，这样有利于保证印制电路的质量和可靠性。

④ 电磁屏蔽性。为了保证电子电路的性能，电子产品中的一些元器件需防止电磁波的辐射、干扰，金属基板可充当屏蔽板，起到屏蔽电磁波的作用。

⑤ 电磁特性。铁基覆铜板的基板材料是具有磁性能的铁系元素的合金（如矽钢板、低碳钢、镀锌冷轧钢板等），利用它的这一特性将其应用于磁带录音机（VTR）、软盘驱动器（FDD）、伺服电机等小型精密电机上。此种金属基覆铜板既起到 PCB 的作用，又起到小型电机定子基板的功能。

（3）金属基覆铜板的应用

铁基覆铜板和硅钢覆铜板具有优异的电气性能、导磁性和耐压性，基板强度高。主要用于无刷直流电机、主轴电机及智能型驱动器等。

铝基覆铜板具有优异的电气性能、散热性、电磁屏蔽性、高耐压及弯曲加工性能，主要用于汽车、摩托车、计算机、家电、通信电子产品和电力电子产品等。金属 PCB 基板中以铝基覆铜板的市场用量最大。

铜基覆铜板具有铝基覆铜板的基本性能，其散热性优于铝基覆铜板，该种基板可承载大电流，用于制造电力电子和汽车电子等大功率电路用的 PCB，但铜基板密度大、价值高、易氧化，使其应用受到限制，用量远远低于铝基覆铜板。

2.2.5 陶瓷印制板

陶瓷印制板就是用陶瓷材料做绝缘基材的印制板。这种印制板的特点是散热性好，热传导率大；尺寸稳定性好；耐热性好；机械强度高；高频特性好。

陶瓷基材分为结晶玻璃类和玻璃加填料类，主要以三氧化二铝为填料。板上导电图形材料是铜、银、金、钯和铂等，也用稳定性好的钨、钼。陶瓷多层板的制造工艺有一次烧结多层法和厚膜多层法。

陶瓷印制板大多作为厚膜和薄膜电路及混合电路板，用于汽车发动机控制电路等装置中作为电源、发热元件部分的电路板。

2.2.6 柔性印制板

柔性印制板适应电子市场"更小、更快、更便宜"的组装要求，所表现出来的"柔性"特征，对达到整个电子产品的微型化以及对笔记本计算机、移动电话这类便携式产品的更新换代有着重大意义。随着电子市场的多样化、多功能需求，柔性板的开发与生产已逐步走向

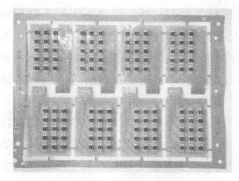

图 2-39　柔性八拼印制板

成熟。

柔性八拼印制板如图 2-39 所示。它广泛应用于计算机、电话机、继电器、导弹、汽车仪表等电子设备中。

在一般情况下，要求柔性印制板基材的柔曲次数能够达到百万次以上。同时，它能够有效地连接活动部件，减少手工装置的工作量，缩短整机组装时间，提高整机可靠性，减小电子装置的体积和重量。

2.3　焊膏

焊膏（Soldering Paste），又称焊锡膏、锡膏，它是伴随着 SMT 技术应运而生的一种焊接材料。焊膏是由焊料合金粉末与糊状助焊剂混合组成的具有一定黏度的膏状体。焊膏的性能好坏直接关系到 SMT 品质的好坏，因此受到人们广泛的重视。

2.3.1　焊料合金粉末

焊料必须是易熔金属，它在母材表面能形成合金，并与母材连为一体，不仅要实现机械连接，同时也要实现电气连接。

电子产品的焊接中，通常要求焊料合金必须满足以下要求。

① 焊接温度要求在相对较低的温度下进行，以保证元件不受热冲击而损坏。如果焊料的熔点在 180～220℃之间，通常焊接温度要比实际焊料熔点高 50℃左右，实际焊接温度则在 230～270℃范围内。根据 IPC-SM-782 规定，通常片式元件在 260℃环境中仅保留 10s，而一些热敏元件耐热温度更低。此外 PCB 在高温后也会形成热应力，因此焊料的熔点不宜太高。

② 熔融焊料必须在被焊金属表面有良好的流动性，有利于焊料均匀分布，并为润湿奠定基础。

③ 凝固时间要短，有利于焊点成型，便于操作。

④ 焊接后，焊点外观要好，便于检查。

⑤ 导电性好，并有足够的机械强度。

⑥ 抗蚀性好，电子产品应能在一定的高温或低温、烟雾等恶劣环境下进行工作，特别是军事、航天、通信及大型计算机等，为此，焊料必须有很好的抗蚀性。

⑦ 焊料原料的来源应该广泛，即组成焊料的金属矿产应丰富，价格应低廉，才能保证稳定供货。

2.3.1.1　锡铅焊料合金

锡是延展性很好的银白色金属，质地软，熔点是 231.9℃，密度为 7.28g/cm³，常温下易氧化，性能稳定。铅也是质地柔软并呈灰色的金属，熔点是 327.4℃，密度为 11.34g/cm³。

锡铅元素在元素周期表中排列均是Ⅳ类主族元素，排列很近，它们之间互熔性好，并且合金本身不存在金属间化合物。锡铅焊料有较好的机械性能，通常纯净的锡和铅的抗拉强度分别为 15MPa 和 14MPa，而锡铅合金的抗拉强度可达 40MPa 左右；同样，剪切强度也有明显增加，锡和铅的剪切强度分别为 20MPa 和 14MPa，锡铅合金的剪切强度则可达 30～35MPa。焊接后，因生成极薄的 Cu_6Sn_5 合金层，强度还会提高很多。锡铅合金的熔点为 183℃，正好在电子设备最高工作温度之上，而焊接温度在 225～230℃ 之间，该温度在焊接过程中对元件所能承受的高温来说仍是适当的，并且从焊接温度降到凝固点，其时间也非常短，完全符合焊接工艺的要求。

（1）锡铅合金状态图

锡铅合金状态图表示了不同比例的锡、铅的合金状态随温度变化的曲线，如图 2-40 所示。在图中，C-T-D 线叫做液相线，温度高于这条线时，合金为液相；C-E-T-F-D 叫做固相线，温度低于这条线时，合金为固相；在两条线之间的两个三角形区域内，合金是半熔融、半凝固状态。图中 A-B 线表示最适合焊接的温度，它高于液相线约 50℃。

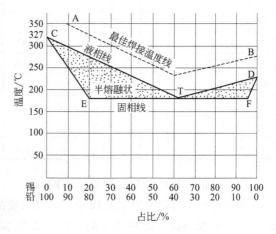

图 2-40　锡铅合金状态图

从图中可以看出，当锡与铅用不同的比例组成合金时，合金的熔点和凝固点也各不相同。除了纯铅（图中 C 点）、纯锡（图中 D 点）的熔化点和凝固点是一个点以外，只有 T 点所示比例的合金是在同一温度下凝固、熔化。其他比例的合金都在一个区域内处于半熔化、半凝固的状态。

例如，铅、锡各占 50% 的合金，熔点是 212℃，凝固点是 182℃，在 182～212℃ 之间，合金为半熔融的糊状物，不宜用来焊接电子产品。

当锡铅合金以 63：37 比例互熔时，升温至 183℃，将出现固态与液态的交汇点，即图中的 T 点，这一点称为共晶点，该点的温度称为共晶温度，它是不同锡、铅配比焊料熔点中温度最低的。对应的合金成分为 Sn-62.7%、Pb-37.3%（实际生产中的配比是 63：37）的锡铅合金称为共晶焊锡，是锡铅焊料中性能最好的一种。

我们研究合金状态图，主要是为了找出不同焊料合金的共晶焊料。共晶焊料是指不同比例成分的合金焊料，如果互熔时能出现固态与液态的共晶点，则此时比例成分的合金焊料称为共晶焊料。表 2-6 给出了常用焊料的成分比例对熔点、力学性能和电性能的影响。

表 2-6　常用焊料的特性

焊料合金							熔化温度/℃		密度/(g/cm³)	力学性能			热膨胀系数(×10⁻⁶/℃)	电导率/%
Sn	Pb	Ag	Sb	Bi	In	Au	液相线	固相线		拉伸强度/MPa	延伸率/%	硬度HB		
63	37						183	共晶	8.4	71	45	17.7	24.0	11.0
60	40						183	183	8.5					8.2
10	90						299	278	10.8	41	45	12.7	28.7	7.8

焊料合金							熔化温度/℃		密度 /(g/cm³)	力学性能			热膨胀系数 (×10⁻⁶/℃)	电导率 /%
Sn	Pb	Ag	Sb	Bi	In	Au	液相线	固相线		拉伸强度/MPa	延伸率/%	硬度 HB		
5	95						312	305	11.0	30	47	12.0	29.0	11.3
62	36	2					179	共晶	8.4	64	39	16.5	22.3	7.2
1	97.5	1.5					309	共晶	11.3	31	50	9.5	28.7	13.4
96.5		3.5					221	共晶	7.4	45	55	13.0	25.4	8.8
	97.5	2.5					304	共晶	11.3	30	52	9.0	29.0	11.9
95			5				245	221	7.25	40	38	13.3	—	8.0
43	43			14			173	144	9.1	55	57	14	25.5	5.0
42				58			138	共晶	8.7	77	20～30	19.3	15.4	11.7
48					52		117	共晶		11	83	5		13.0
	15	5			80		157	共晶		17	58	5		75
20						80	280	共晶		28		11.8		14.0
	96.5					3.5	221	共晶		20	73	40		

（2）锡铅焊料中杂质对性能的影响

锡铅焊料中有时会有其他微量金属以杂质的形式混入。有些杂质是无害的，微量金属的加入反而能起到改善焊料特性的作用，这就不能单纯地作为杂质来处理了；有些杂质则不然，即使混入微量，也会对焊接操作和焊接点的性能造成各种不良的影响。表 2-7 中列举了各种杂质对焊料性能的影响。

表 2-7　焊料的杂质与各种特性的关系

杂质	机械特性	焊接性能	熔化温度变化	其　他
锑	变脆	润湿性、流动性降低	熔化区变窄	电阻增大
铋	变脆		熔点降低	冷却时产生裂纹
锌		流动性、润湿性降低		多孔，表面晶粒粗大
铁	结合力减弱	不易操作	熔点提高	带磁，容易附在铁上
铝		流动性降低		容易氧化、腐蚀
砷	脆而硬	流动性提高一些		形成水泡状、针状结晶
磷		少量会增加流动性		熔蚀铜
镉	变脆	影响光泽，流动性降低	熔化区变宽	多孔、白色
铜	脆而硬	焊接性能降低	熔点提高	粒状不易熔化合物
镍	变脆	适用于陶瓷	熔点提高	形成水泡状结晶
银		失去光泽	熔点提高	耐热性增加
金	变脆			呈白色

随着电子设备、零部件和元器件向小型化方向发展，对焊料的要求更严格了。表 2-8 给出了日本工业标准（JIS-Z-3282-1972）和美国军用标准（MIL）中所规定的杂质含量。

表 2-8　焊料杂质的质量含量标准值　　　　　　　单位：%

杂　　质	JIS-Z-3282-1972			MIL
	B 级	A 级	S 级	QQ-S-571d
锑	1.0 以下	0.30 以下	0.10 以下	0.2～0.5 以下
铜	0.08 以下	0.05 以下	0.03 以下	0.08 以下
铋		0.05 以下	0.03 以下	0.25 以下
锌		0.005 以下	0.005 以下	0.005 以下
铁	0.35 以下	0.02 以下	0.02 以下	0.02 以下
铝		0.005 以下	0.005 以下	0.005 以下
砷		0.03 以下	0.03 以下	0.03 以下

注：MIL 标准中的杂质容许量，因含锡百分比略有不同。

2.3.1.2　无铅焊料合金

锡铅合金除了价格便宜外尚具有焊接温度低焊接性能优异产品可靠性高等优点，已成为电子组装业最广泛使用的焊接材料。但铅是有毒物质，它不仅危害焊接人员的健康，还对环境造成污染。例如电子产品废弃物随同垃圾掩埋地下，遇到大气污染而形成的酸雨作用产生溶解于水的有毒铅盐，污染地下水源直接危害人类健康。美国、欧盟、日本等已颁布了禁止使用铅及其化合物的立法。由于人们对含铅焊料危害的普遍关注，使用无铅焊料作为替代焊料便成了当务之急。

替代锡铅焊料的无铅焊料应该具备与之大体相同的特征，具体目标如下所述。

① 替代合金应是无毒性的。

② 熔点应同锡铅体系焊料的熔点（183℃）接近，要能在现有的加工设备上和现有的工艺条件下操作。

③ 供应材料必须在世界范围内容易得到，数量上满足全球的需求。

④ 替代合金还应该是可循环再生的。

⑤ 机械强度和耐热疲劳性要与锡铅合金大体相同。

⑥ 焊料的保存稳定性要好。

⑦ 替代合金必须能够具有电子工业使用的所有形式，包括返工与修理用的锡线、焊膏用的粉末、波峰焊用的锡条以及预成型。

⑧ 合金相图应具有较窄的固液两相区，能确保有良好的润湿性和安装后的机械可靠性。

⑨ 焊接后对各种焊接点检修容易。

⑩ 导电性好，导热性好。

替代锡铅焊料的合金是以锡为主，添加能产生低温共晶的 Ag、Zn、Cu、Sb、Bi、In 等。由于 Sn-In 系合金蠕变性差，In 极易氧化，且成本太高；Sn-Sb 系合金润湿性差，Sb 还稍具毒性，这两种合金体系的开发和应用较少。为了改善合金性能，人们以 Sn-Zn、Sn-Bi、Sn-Ag 为基体，在其中添加适量的金属组成三元合金和多元合金。

（1）Sn-Zn 锡锌系焊料

Sn-Zn 系焊料力学性能好，拉伸强度比锡铅共晶焊料好，初期强度、长时间强度变化都比锡铅焊料优越，延展性也与锡铅焊料相当，可拉制成线材使用，蠕变特性好，变形速度慢。另外，Zn 的毒性也弱，成本也低。但 Sn-Zn 系最大的缺点是 Zn 极易氧化，润湿性和稳定性差，需选用有效的助焊剂。Sn-Zn 系焊料必须在完全无氧环境（通常是氮气环境）下使用。

Sn91Zn9 熔点 199℃，接近锡铅焊料，焊接强度等各项性能都很高，但焊接工艺难度大，存在亲和性差的问题，必须通过改进助熔剂，提高 Sn91Zn9 的亲和性，增强抗氧化性。

（2）Sn-Bi 锡铋系焊料

Sn-Bi 系焊料特点是熔点低，对于那些耐热性差的电子元器件焊接有利；其保存稳定性好，润湿性也好，可使用与锡铅焊料大体相同的助焊剂，可在空气中焊接。不足之处在于随着 Bi 的加入量增大，焊点变得硬且脆，加工性能大幅度下降，焊接可靠性变坏。此外 Bi 属于稀有金属，成本较高。

（3）Sn-Sb 锡锑系焊料

Sn-Sb 系焊料属于高温焊料，熔点在 235～243℃。目前配方种类不多，几乎只采用 Sn95Sb5 的配方。它的抗拉强度不如 Sn63Pb37，但塑性应变很好，所以整体的疲劳寿命还优于 Sn63Pb37 约 1.4 倍。Sn95Sb5 的润湿性不如 Sn63Pb37，但可以接受。

（4）Sn-Ag 锡银系焊料

Sn-Ag 系焊料的力学性能、拉伸强度、蠕变热性及耐热老化性与锡铅共晶焊料相当，延展性比锡铅共晶焊料稍差。Sn96.5Ag3.5 其熔点为 221℃，可沿用锡铅焊料的助焊剂，但熔点仍然偏高，润湿性差，成本较高。

（5）Sn-Ag-Cu 锡银铜系焊料

Sn-Ag-Cu 系焊料熔点比 Sn-Ag 系焊料低，焊接的可靠性较高，在强度和疲劳寿命上表现更好。良好的可靠性和适合的工艺参数使得该合金成为 SMT 的最佳无铅焊料。主流比例 Sn95.5Ag3.8Cu0.7、Sn96.5Ag3Cu0.5、Sn93.6Ag4.7Cu1.7 的合金焊料熔点为 216～217℃，在 245℃就具有良好的润湿性。近年来，比较实用的无铅合金几乎都以锡银铜为基础。

2.3.2　糊状助焊剂

助焊剂是在焊接过程中能促进或加速金属被熔融焊料润湿，并同时具有保护作用和阻止氧化反应的化学物质。用于制造焊膏的助焊剂，其焊接功能与其他液态助焊剂相同，但它又必须具备其他的条件，由于焊膏中的助焊剂是焊料粉末的载体，它与焊料粉末的相对密度比为 1∶7.3，相差极大，为了保证均匀地混合在一起，助焊剂本身应具备高黏度，其黏度控制在 50Pa·s 为宜，因此称为"糊状助焊剂"。

优良的助焊剂应具备高的沸点，以防止焊膏在再流过程中出现喷射；高的黏稠性，以防止焊膏在存放过程中出现沉降；低卤素含量，以防止再流焊后腐蚀元器件；低的吸潮性，以防止焊膏在使用过程中吸收空气中的水蒸气而引起粉末氧化。

助焊剂的主要成分有树脂、活性剂、触变剂、溶剂和其他添加剂等。

（1）树脂

糊状助焊剂中的树脂提供给焊膏必要的黏性，它是焊料粉末的载体，在焊接过程中覆盖被活性物质清洁的表面，起到成膜保护作用以及防焊料的二次氧化作用。

助焊剂中的树脂最常见的是松香，和非松香型焊膏相比，松香型焊膏有更好的黏附性能和流变性能，确保焊膏有优良的印刷性能、抗塌陷性能，且存储寿命更长。由于松香的流动性随着温度升高而增强，如果含量太少，则不能完全覆盖在熔融的合金液表面，因而焊点易氧化。因此助焊剂中仅有松香作为树脂材料时，松香的质量分数不应低于 30%。但松香含量过高会使焊膏过于黏稠，不利于印刷，且会造成焊后残留物增加。

（2）活性剂

活性剂需要具有清除焊料金属表面氧化膜的能力，在整个焊接过程发挥活化作用，对提高润湿性起着关键的作用。同时活性剂又决定着助焊剂及其残留物的腐蚀性能，活性剂在焊接过程中能够大部分分解、挥发或升华，使印刷电路板焊后的有机酸残留物少，对焊盘无腐蚀。

活性剂主要为脂肪族二元酸、芳香酸、氨基酸或柠檬酸等有机酸，选择两种或多种的混合酸。此外在选择活性剂时，还可以考虑加入有机胺类物质。采用有机酸和有机胺作为活性物质配以适当量的松香效果较好。此类活性剂既有足够的助焊活性，焊接效果好，又不含卤素，而且在焊接温度下能够分解、升华或挥发。印刷板板面焊后残留少、无腐蚀，此类活性剂对被焊材料的润湿均匀，使得焊点和焊缝规整、饱满。

（3）触变剂

触变剂可以有效改善触变回路面积和未恢复应力值，又称为"触变性"（即触变剂使焊膏的黏性发生变化），增强焊膏的流变性能，能够增强焊膏印刷性能。触变剂能够使焊膏在印刷过程中受刮刀的剪切作用，黏度降低，在通过模板窗口时，能迅速下降到 PCB 焊盘上，外力停止后黏度又迅速回升，因此能保证焊膏印刷后图形的分辨率高。目前较为常用的触变剂为蓖麻油和氢化蓖麻油。

（4）溶剂

溶剂是助焊剂的载体，使助焊剂各组分溶于溶剂中，形成均匀的黏稠态。

溶剂的选择一般应考虑以下几点：

① 适宜的沸点，溶剂的沸点太低，溶剂易挥发，所配制焊膏干燥快，使用期短；

② 适宜的黏度，一般溶剂的黏度低，则所配制的焊剂黏度也低，而焊膏配用焊剂需要有一定的黏度，以满足焊膏黏性要求；

③ 含有极性基团，溶剂中含有亲水基团越多，焊剂的活性越能得到发挥，含有疏水基团的相对分子质量越大，溶剂的极性越小，焊剂的活性越差。

溶剂有醇类、酯类、烃类和酮类等几类。常用的醇类有乙醇、丙二醇和多元醇。酯类有乙酸乙酯和乙酸丁酯等，烃类如甲苯等，酮类如丙酮等。醇类是应用最广泛的溶剂，它们具有良好的溶解能力、适当的黏度。但是一元醇的沸点低，易于挥发，不能确保焊膏的印刷持续性。而多元醇不仅具有上述的优点，它还可以更好地调节焊膏的黏度；同时，多元醇含有的羟基，能够提高有机酸活性剂的活性，减小焊料与基体之间的张力，促进润湿。

单一溶剂的性能不能达到要求，需要对溶剂进行复配。因此熔剂一般是多组分组成，由不同沸点、极性和非极性溶剂混合组成。

（5）其他添加剂

添加剂是为适应工艺和环境而在焊膏中加入的具有特殊物理和化学性能的物质，常用的有成膜剂、抗氧化剂等。

① 成膜剂　它能在焊接温度下形成包覆焊点的保护膜，对焊点起到保护作用。成膜剂通常选用烃、醇、脂，这类物质一般具有良好的电气性能，常温下起保护膜作用，在 200～300℃的焊接温度下不显活性，无腐蚀性且防潮。目前最常用的成膜剂为聚乙二醇系列。

② 抗氧化剂　它的主要作用是阻止氧气、抑制焊料与铜基板之间生成氧化物，保护铜基板，在助焊剂中加入抗氧化剂后，可以减缓表面氧化速度，使得焊接顺利进行。抗氧化剂可以采用酚类和酯类，其毒性小且无污染。

助焊剂按化学组成分为有机和无机系列；按清洗方式分为松香基、水溶性和免清洗助焊剂。传统的松香基助焊剂再焊后有较多残留，难溶于水，较难清理。因此，免清洗助焊剂和水溶性助焊剂为研究热点。

2.3.3　焊膏特性、分类、评价方法及使用

通常焊料合金粉末占焊膏总重量的 85%～90%，占总体积的 50% 左右，如图 2-41 所示，焊膏的包装外观如图 2-42 所示。

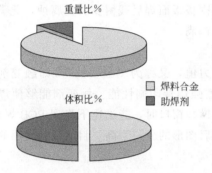

图 2-41　焊粉与助焊剂的重量比与体积比

图 2-42　焊膏包装外观

2.3.3.1　焊膏的特性

（1）黏度

在日常生活中，常用"稀"或"稠"的概念来描述流体的表观特征。但在工程中则用"黏度"这一概念来表征流体黏性的大小。流体的黏度是流体分子之间受到运动的影响而产生的内摩擦阻力的表现。当焊膏以恒定的剪切应力率和应变率变化时，其黏度随时间的延长而降低，这说明其结构在逐渐变坏。而且，焊膏的黏度随作用于焊膏上的剪切应力的增加而降低，这可以简单地解释为，当施加剪切应力（用橡皮刮刀）时，焊膏变薄，不施此力时，焊膏变厚。印制中这种性质是极有用的，将焊膏涂在模板或丝网上，当刮刀在焊膏上产生应力时，焊膏即随之流动。焊膏涂于焊盘上后，移去刮刀产生的剪切应力，将使焊膏恢复到原有的高黏度状态，这样焊膏就会粘在这些地方而不会流到电路板的非金属表面上。

除了剪切应力外，影响焊膏黏度的因素还包括焊膏旋转速率、焊料粉末含量、焊料粉末颗粒大小与温度。

用旋转黏度计测量焊膏黏度时，发现随着黏度计转速的增加，测试值会明显下降。转速的提高意味着剪切速率增加，黏度明显下降，这也证明了焊膏是一种假塑性流体。

颗粒的大小也会影响焊膏的黏度。在金属含量和焊剂载体相同的条件下，当颗粒体积减小（较细的颗粒）时，黏度也会随之增大。

焊膏中焊料粉末的增加明显引起黏度增加。焊料粉末的增加可以有效地防止印制后及预热阶段的坍塌，焊接后焊点饱满，有助于焊接质量的提高。这也是常选用焊料粉末含量高的

焊膏，并采用金属模板印制焊膏的原因。

温度对焊膏的强度影响也很大，随着温度的升高，黏度会明显下降。因此，无论是测试焊膏的黏度还是印制焊膏，都应该注意环境温度。通常印制焊膏时，最佳环境温度为 $(23\pm3)℃$，精密印制时则应由印制机恒温系统来保证。

（2）坍塌性

坍塌性是焊膏涂在焊盘上后扩散的能力。如果焊接效果好，焊膏坍塌面积就很小。坍塌性还取决于焊膏中金属的百分含量。控制坍塌最可靠的办法就是确定一个无坍塌范围，并保证焊膏不超出此范围。过量的焊膏坍塌会造成桥接。

（3）工作寿命

焊膏的工作寿命一般可定义为焊膏在印制前在模板上或者印制后在 PCB 板上的流变性质保持不变所持续的时间。此定义的两部分都是正确的，但并不都有用。例如，印制前焊膏滞留在模板上的时间并无太大用处，但是，印制后焊膏留在 PCB 板上的时间长短却是很有价值的，它决定了贴片机将元件贴装好所需的最长时间。因此，工作寿命应更准确地定义为：焊膏从打开焊膏瓶到再流焊完成，其流变性质能够保持不变的最长时间。

2.3.3.2　焊膏的分类

（1）按焊料合金熔化温度分类

采用不同熔点的焊料可以制成不同熔点的焊膏。锡铅焊膏的熔点为 183℃，随着所用金属种类和组成的不同，焊膏的熔点可提高至 250℃ 以上，也可降为 150℃ 以下，可根据焊接所需温度的不同，选择不同熔点的焊膏。人们习惯上将 Sn63Pb37 焊膏称为中温焊膏，低于它们熔化温度的称为低温焊膏，如铋基、铟基焊膏；高于它们熔化温度的称为高温焊膏，如锡银系焊膏。它们的合金成分、熔化温度及用途如表 2-9 所示。

表 2-9　不同熔点焊膏的合金成分、熔化温度及用途比较

| 合金成分/% | | | | | | 标识 | 熔化温度/℃ | | 用　途 |
Sn	Pb	Ag	Bi	In	Cu		固态线	液态线	
96.3		3.7				Sn96	221	221	高温场合
96.5		3			0.5		216	220	高温场合
10	88	2				Sn10	268	299	高温场合
5	93.5	1.5					296	301	高温场合
62	36	2				Sn62	179	179	中温,高密度安装
63	37					Sn63	183	183	中温,高密度安装
42			58			Bi58	138	138	低温焊接
50				50			118	118	低温场合,抗疲劳好

（2）按助焊剂活性分类

助焊剂中通常含有卤素或有机酸成分，它能迅速消除被焊金属表面的氧化膜，降低焊料的表面张力，使焊料迅速铺展在被焊金属表面。但助焊剂的活性太高也会引起腐蚀等问题，这要根据产品的要求进行选择。

按助焊剂的活性可分为：活性（RA）、中等活性（RMA）、无活性（R）、水洗（OA）、免清洗（NC）几大类，如表 2-10 所示。

表 2-10　按助焊剂活性分类

类　型	性　能	用　途
RA	活性,松香型	消费类电子
RMA	中等活性	一般 SMT
R	非活性,水白松香	航天,军事
OA	水清洗	强活性,焊后需要水清洗
NC	免清洗	要求较高的 SMT 产品

R 型：助焊剂活性最弱，它只含有松香而没有活性剂。

RMA 型：既含松香又含活性剂。

RA 型：是完全活化型的松香或者树脂系统，比 RMA 型的活性高。

OA 型：指有机酸焊剂，具有很高的助焊活性。一般认为 OA 型焊剂具有腐蚀性。

RMA 和 R 型助焊剂不一定要清洗，RMA 焊膏中卤素含量通常低于 0.05%，故腐蚀性很小，对于民用型 SMT 产品可以不清洗，而 RA 焊膏中卤素含量通常高于 0.2%，焊膏的焊接性能很好，应用时应考虑到腐蚀性的可能；RA/OA 必须要清洗，因为酸会腐蚀掉焊点；免清洗是近几年推出的品种，其活化剂采用有机酸类，故腐蚀较弱，一般产品可以不清洗。目前在电子产品生产中，强活性焊膏基本上不用了。

（3）按焊膏黏度分类

黏度的变化范围很大，通常为 100～600Pa·s，最高可达 1000Pa·s 以上，使用时依据涂敷焊膏的工艺手段不同进行选择。

2.3.3.3　焊膏的使用

（1）保存

焊膏应放入冰箱内冷藏保存，并且在盖子上记录放入时间，超过有效期的禁止使用；冰箱内的温度要保持在 5～10℃，日常要确认冰箱内温度，并记录实际温度。

（2）回温

确保焊膏在有效期间内，先使用生产早的焊膏，将其从冰箱内取出，在焊膏容器表面记录取出时间，放置在常温 22～28℃条件下 2h，直到焊膏容器表面无结露现象，再打开容器内外两层盖子，记录开封日期、时间后开始搅拌。

（3）搅拌

焊膏是由焊料合金粉末和糊状的助焊剂混合而成的。由于焊料合金粉末的密度比糊状助焊剂的密度大，因此长时间的存放会出现沉淀现象，不能直接使用，焊膏在使用前必须经过搅拌，使得焊料合金粉末和糊状的助焊剂均匀混合，以保证后续的焊接质量。

目前焊膏搅拌有两种方法，一种是人工搅拌，另一种是使用焊膏自动搅拌机搅拌。人工搅拌需要工人连续搅拌 5min。

搅拌分两种，一种为使用刮刀手工搅拌，另一种为使用自动搅拌机搅拌。

若使用手工搅拌，用不锈钢或塑料刮刀插入焊膏中，搅拌直径大约在 10～20mm，搅拌 3～5min 以后，将刮刀提起，若刮刀上的焊膏均匀的全部滑落，则搅拌结果合格，搅拌结束；若只是部分焊膏滑落，或目测不均匀，则搅拌结果不合格，需继续搅拌；若使用自动搅拌机搅拌，按照搅拌机说明书或操作规程搅拌即可。

（4）注意事项

① 容器内剩余的焊膏，要用盖子（内外两层）密封。不用时，将焊膏返回冰箱；使用时，要在常温下避光保存，并在 24h 内用完，超过 24h 立即废弃。

② 每天夜班下班前要彻底手工清洗模板一次，模板上剩余的焊膏若已经放置超过 24h，按废弃物处理；没有超过 24h 的要收起，装在另外的容器内密封保存，禁止与没使用的焊膏混合，防止污染新焊膏。

2.4　贴片胶

贴片胶俗称红胶，也是用于表面组装的重要材料。贴片胶主要用于双面混装工艺中，在波峰焊前，贴片胶将元器件暂时固定在 PCB 的相应焊盘图形上，以确保贴装元器件在传送过程中不发生偏移，并防止波峰焊时元器件掉落在锡槽中。

2.4.1　贴片胶主要成分

贴片胶主要由基本树脂、固化剂、增韧剂和填料组成。

（1）基本树脂

基本树脂是贴片胶的核心，一般用环氧树脂和聚丙烯类。

① 环氧树脂类。它属于热固型、高黏度的贴片胶，耐腐蚀的能力最强，是用途最为广泛的贴片胶。主要缺点是易脆裂。

② 聚丙烯类。它是比较新型的贴片胶。在紫外线照射及适当加热下很快就能固化，其黏度特性非常适合于高速点胶机，但黏结强度略低，电气性能较差，需要增加紫外线设备。

（2）固化剂

固化剂的作用是加快贴片胶固化。常用的固化剂为双氰胺、咪唑类衍生物等。

（3）增韧剂

由于单纯的基本树脂固化后较脆，为弥补这一缺陷，需在配方中加入增韧剂。常用的增韧剂有邻苯二甲酸二丁酯、邻苯二甲酸二辛酯和聚硫橡胶等。

（4）填料

加入填料后可提高贴片胶的电绝缘性能和耐高温性能，还可以使贴片胶获得合适的黏度和黏结强度等。常用的填料有硅微粉、碳酸钙、膨润土等。为了使贴片胶具有明显区别于 PCB 的颜色，需要加入色料，通常为红色料，因此，贴片胶又俗称红胶。

贴片胶的主要成分分类和特性见表 2-11。

表 2-11　贴片胶的主要成分分类和特性

主要成分	黏度/Pa·s	固化温度/时间	有效保存期	适合涂敷方式
环氧树脂	200	140℃/2.5min 以上	20℃,3 个月	点涂,印刷
	500、1300	130℃/15min	20℃,1.5 个月	点涂,印刷
变性丙烯酸醋树脂	7500	紫外线/10s 150℃/1min	5~28℃,12 个月	点涂
丙烯树脂	5500	紫外线/10s 150℃/10s 以上	30℃,2 个月	点涂

续表

主要成分	黏度/Pa·s	固化温度/时间	有效保存期	适合涂敷方式
聚酯树脂类	1800	紫外线/10~15s 150℃/10s 以上	5~10℃,3 个月	点涂
	1300		25℃,3 个月	点涂
	1700		5~10℃,6 个月	点涂,印刷
变性环氧丙烯酸醋树脂	500	紫外线/12~13s 150℃/1min	25℃,2 个月	点涂,印刷
	400	紫外线/10s 以上 140℃/10s 以上	20℃,1 个月	点涂,印刷

2.4.2 贴片胶特性要求

（1）高的黏接强度

初黏强度是指在固化前贴片胶所具有的强度，即将元器件暂时固定，从而减少元器件贴装时产生飞片或掉片，并能够经受住装贴、传输过程中的震动或颠簸。

（2）低的固化条件

表面贴装用的贴片胶低的固化条件是指在较低的温度下具有快的固化速度。贴片胶的固化温度应避免过高，以防止 PCB 翘曲和元器件的损坏。为了保证有足够高的生产率，要求固化时间较短。

（3）好的可返修能力

尽管贴片胶在波峰焊之后就会丧失其作用，但却会影响到后续过程，比如返修，为了保证可返修能力，固化的贴片胶玻璃化转变温度应较低，一般应在 75~95℃。在返修期间，元器件的温度一般超过 100℃，只要固化的贴片胶玻璃化转变温度低于 100℃并且贴片胶的用量不是过分多，返修就不成问题。

（4）良好的保形性

当贴片胶进行涂敷后会得到一个形状、尺寸极为理想的胶点。但若长时间未贴装元件，则胶点的形状及尺寸便会随时间的流逝而引起变化。这种现象与贴片胶本身的配方和流变性有很大关系。所以在选择贴片胶时，要求贴片胶在涂敷到 PCB 后，胶点形状应长时间保持不变；同时在受热时胶点不会塌陷下去。

2.4.3 贴片胶的使用要求

（1）贴片胶的储藏

按说明书所要求的条件储藏贴片胶，一般要将贴片胶存储在 5~10℃冷藏环境中（冰箱冷藏室），严禁在靠近火源的地方储藏和使用，使用后留在原包装容器中的贴片胶仍要低温密封保存。

（2）贴片胶的回温

使用贴片胶前要先回温一段时间，通常在室温条件下，需回温 3h，严禁通过加温的方法回温，否则会破坏贴片胶的性能。

（3）贴片胶的搅拌

贴片胶使用前必须进行搅拌，为了防止贴片胶硬化和质变，搅拌后应在 24h 内用完。

第3章

表面涂敷

3.1 焊膏涂敷

3.1.1 印刷焊膏

3.1.1.1 焊膏印刷机理

焊膏印刷是将开有印刷图形窗口的模板与 PCB 上焊盘图形对准定位后，在模板放上足够数量的焊膏，刮刀推动焊膏滚动从模板一侧移动到另一侧，焊膏填充到模板的开口部位，即焊膏转到 PCB 上，如图 3-1 所示。焊膏印刷分非接触式印刷和接触式印刷。

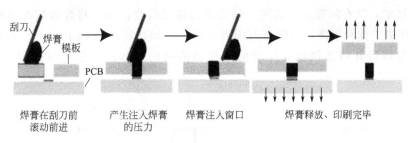

图 3-1　焊膏印刷机理

（1）非接触式印刷机理

非接触式印刷是用柔性的丝网模板进行印刷，在丝网模板和 PCB 之间设置一定的间隙。如图 3-2 所示是非接触式印刷过程。

印制前将 PCB 放在工作支架上，使用真空或机械方法固定，将已加工有印制图形窗口的丝网与 PCB 对准，PCB 顶部与丝网底部之间有一距离（通常称为刮动间隙）。印制开始时，预先将焊膏放在丝网上，刮刀从丝网的一端向另一端移动，并压迫丝网使其与 PCB 表面接触，同时压刮焊膏，使其通过丝网上的图形窗口沉积在 PCB 的焊盘上，刮刀通过后，丝网脱离 PCB 板，焊膏被漏印到 PCB 板焊盘上。但是，随着贴装密度要求的提高，细间距印刷要求的产生，非接触式印刷法有以下几点问题。

① 印刷位置偏离。由于非接触式印刷会使丝网变形，丝网上的焊膏不能被漏印到正下方，就产生了焊膏位置的偏离。

② 填充量不足、欠缺的发生。如图 3-3 所示，从微观上看，丝网变形的同时开口部位的形状也在变化，这是填充量减少、发生缺焊的原因。

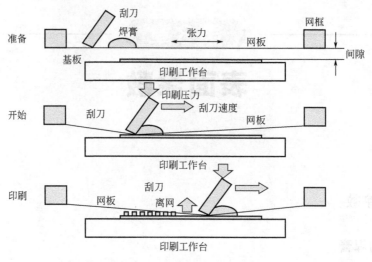

图 3-2　非接触式印刷过程

③ 渗透、桥连的发生。因为丝网和 PCB 板之间存在间隙，所以助焊剂渗透到这一间隙的比例就会增大，在极端情况下，焊膏中焊料渗出将会引起桥连。

（2）接触式印刷机理

接触式印刷法中，采用金属模板代替非接触式印刷中的丝网模板进行焊膏印制。模板和 PCB 板直接接触，没有间隙。印刷时，移动刮刀推动焊膏滚动，将焊膏填充到模板的开口部位，然后印刷工作台下降，PCB 板与模板分离，将焊膏转移到 PCB 板上。焊膏印刷的过程可以分为向模板开口部位填充焊膏的过程和离网的过程，接触式印刷的过程如图 3-4 所示。

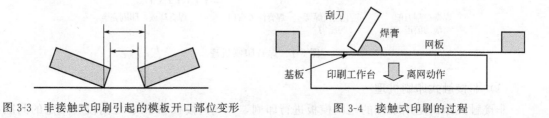

图 3-3　非接触式印刷引起的模板开口部位变形　　　图 3-4　接触式印刷的过程

在接触式印刷中，焊膏填充到模板开口部位后，必须要有能让模板和 PCB 板相分离的离网动作。如图 3-5 所示是离网过程。

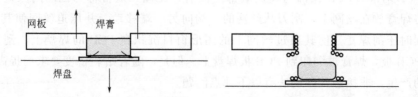

图 3-5　离网过程

对模板开口部位的焊膏填充完成后，如果印刷工作台下降，离网动作就开始。虽然焊膏对焊盘有黏着力，但是在离网时，开口部位内壁面和焊膏之间发生向上滑动的应力。离网性能的好坏取决于这两种力相互牵引的程度。如果焊盘一侧的黏着力强，焊膏就能很好地被印刷上去，如果向上的滑动应力强，就不能很好地脱离模板，就会堵孔，发生"填充量不足"的现象。向上的滑动应力依赖于焊膏的黏度和触变性以及上移速度。机械方面的主要原因是离网动作时的工作台下降速度的不同，离网结果将会有很大的差异。基本上滑动速度越小，滑动应力也越小，但是离网时间就会增长，印刷循环周期也会变长。

3.1.1.2　焊膏印刷过程

印刷焊膏的工艺流程是：印刷前的准备→调整印刷机工作参数→印刷焊膏→印刷质量检验→清理与结束。

（1）印刷前的准备工作

检查印刷工作电压与气压；熟悉产品的工艺要求；阅读 PCB 产品合格证，如 PCB 制造日期大于 6 个月，应对 PCB 进行烘干处理，烘干温度为 125℃/4h，通常在前一天进行；检查焊膏的制造日期是否在 6 个月之内，以及品牌规格是否符合当前生产要求，模板印刷焊膏黏度为 900～1400Pa·s，最佳为 900Pa·s，从冰箱中取出后应在保温下回温至少 2h，并充分搅拌均匀待用，新启用的焊膏应在罐盖上记下开启日期和使用者姓名；检查模板是否与当前生产的 PCB 一致，窗口是否堵塞，外观是否良好。

（2）调整印刷机工作参数

接通电源、气源后，印刷机进入开通状态（初始化），对新生产的 PCB 来说，首先要输入 PCB 的长度、宽度、厚度及定位识别标志（Mark）的相关参数。Mark 可以纠正 PCB 加工误差，制作 Mark 图像时，图像清晰，边缘光滑，对比度强，同时还应输入印刷机各工作参数，包括印刷行程、刮刀压力、刮刀运行速度、PCB 高度、模板分离速度、模板清洗次数与方法等相关参数。

相关参数设定好后，即可放入模板。将 PCB 板传送到印刷机工作平台，使模板窗口位置与 PCB 焊盘图形位置保持在一定范围之内（机器能自动识别），当 PCB 板的厚度小于 0.5mm 时，采用侧面固定方式会导致 PCB 板的变形，这种场合可利用真空吸附 PCB 板反面的方式进行定位，与之相应的印刷机工作台面应该设置有吸附 PCB 板的定位支撑板。

安装刮刀，进行试运行，此时 PCB 与模板之间通常应保持在"零距离"。对首块 PCB 板进行试印刷，查看印刷效果，进一步调整 PCB 与模板在 X、Y、Z 和 θ 四个方面的位置关系，实现模板窗口与 PCB 焊盘图形的精确对位，并再次调节设备各相关参数，以达到最佳印刷效果。全面调整后，存盘保留相关参数与 PCB 代号。完成后，即可放入充分量的焊膏进行正式印刷。

不同机器的上述操作次序有所不同，自动化程度高的机器操作方便，一次就可以成功。

（3）印刷焊膏

正式印刷焊膏时应注意事项：焊膏的初次使用量不宜过多，一般按 PCB 尺寸来估计。参考量如下：A5 幅面约 200g；B5 幅面约 300g；A4 幅面约 350g。在使用过程中，应注意补充新焊膏，保证焊膏在印刷时能滚动前进。注意印刷焊膏时的环境质量：无风、洁净、温度（23±3）℃，相对湿度＜70%。

（4）印刷质量检验

对于模板印刷质量的检测，目前采用的方法主要有目测法、二维检测/三维检测法。在检测焊膏印刷质量时，应根据元件类型采用不同的检测工具和方法，采用目测法（带放大镜），适用于不含细间距 QFP 器件或小批量生产的情况，其操作成本低，但反馈回来的数据可靠性低，易遗漏，当印刷复杂 PCB 时，如计算机主板，最好采用视觉检测，并最好是在线测试，可靠性达 100%，它不仅能够监控，而且还能收集工艺控制所需的真实数据。

检验的原则：有细间距 QFP 时（0.5mm），通常应全检。当无细间距 QFP 时，可以抽检。

检验标准：按照企业制定的企业标准或 ST/T 10670—1995 以及 IPC 标准。

不合格品的处理：发现有印刷质量问题时，应停机检查，分析产生的原因，采取措施加以改进，凡 QFP 焊盘不合格者应用无水醇清洗干净后重新印刷。

（5）清理与结束

当一个产品完工或结束一天工作时，必须将模板、刮刀全部清洗干净，若窗口堵塞，千万勿用坚硬金属针划捅，避免破坏窗口形状。焊膏放入另一容器中保存，根据情况决定是否重新使用。模板清洗后应用压缩空气吹干净，并妥善保存在工具架上，刮刀也应放入规定的地方并保证刮刀头不受损。同时让机器退回关机状态，并关闭电源与气源，填写工作日志表和机器保养工作。

3.1.1.3 印刷机概述

印刷机是用来印刷焊膏或贴片胶，并将焊膏或贴片胶准确地漏印到印制电路板相应的位置上的设备。

当前用于印刷焊膏的印刷机品种繁多，若以自动化程度来分类，可以分为：手动印刷机、半自动印刷机和全自动印刷机。

图 3-6　手动印刷机

手动印刷机如图 3-6 所示，其各种参数与动作均需人工调节与控制，通常仅被小批量生产或难度不高的产品使用。

半自动印刷机除了 PCB 固定过程是人工以外，其余动作机器可连续完成，但第一块 PCB 与模板的窗口位置是通过人工来对中的。通常，PCB 通过印刷机台面上的定位销来实现定位对中。

全自动印刷机通常装有光学对中系统，通过对 PCB 和模板上对中标志（Mark 标记）的识别，可以自动实现模板窗口与 PCB 焊盘的自动对中，印刷机重复精度达±0.01mm。在配有 PCB 自动装载系统后，能实现全自动运行。但印刷机的多种工艺参数，如刮刀速度、刮刀压力、模板与 PCB 之间的间隙仍需人工设定。组成 SMT 生产线均采用全自动印刷机，它可以自动完成 PCB 上板、对准、印制、下板等作业，工艺操作人员的任务主要是设定和调节工艺参数及添加焊膏等。

印刷机必须结构牢固，具有足够的刚性，满足精度要求和重复性要求。印刷机的外观如

图 3-7 所示。

多数半自动印刷机和全自动印刷机基本都由以下几部分组成：PCB 板夹持机构、模板、模板的固定机构、PCB 定位系统、刮刀系统、模板清洁装置等。

下面介绍焊膏印刷机的基本结构。

（1）PCB 板夹持机构

PCB 板夹持机构用来夹持 PCB，使之处于适当的印刷位置，包括工作台面、夹持机构、工作台传输控制机构等。

在手动和半自动印刷机上，常采用定位销和四角平面压力敏感带夹持 PCB；自动印刷机上常采用真空针定位夹持机构或边定位夹持机构。真空针定位夹持机构（如图 3-8 所示）的工作台带有橡胶真空吸盘，能平整地吸住 PCB 以防止其印制时弯曲。边定位夹持机构如图 3-9 所示，一般靠夹持 PCB 板的两个侧边来固定 PCB 板。

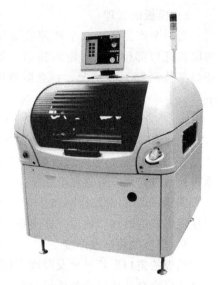

图 3-7　印刷机的外观

图 3-8　真空针定位夹持 PCB 板的工作台

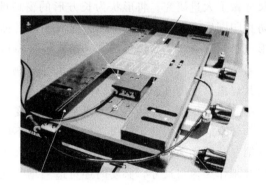

图 3-9　边定位夹持 PCB 板的工作台

（2）模板

模板又称为网板、钢网，它是焊膏印刷的关键工具之一，焊膏印刷模板的作用是定位定量分配焊膏。

图 3-10　金属模板

1）金属模板的结构

金属模板如图 3-10 所示，其外框是铸铝框架，中心是金属模板，框架与模板之间依靠张紧的柔性丝网相连接，呈“钢-柔-钢”的结构。这种结构确保金属模板既平整又有弹性，使用时能紧贴 PCB 表面。铸铝框架上备有安装孔供印刷机上装夹之用，通常模板上的图形离模板的外边约 50mm，以供印刷机刮刀头运行需要，丝网的宽度约为 30～40mm，以保证模板在使用中有一定的弹性，常用做模板的金属材料有铜和不锈钢两种。

2）模板的管理

当一个产品完工或生产停止 30min 时，必须将模板的正面和背面清洗干净。细间距的模板开口部位之间的距离狭窄，如果出现助焊剂流到模板反面和焊膏附着残留在模板开口部位面壁上等情况，将会阻碍焊膏的填充性能，发生填充量的变动和连续印刷性能的下降。

① 清洗方法　用软布蘸溶剂（IPA）擦拭模板正面和背面，用高压气枪除去残留在开口部的焊膏，清洗后需使用放大镜进行检查。

② 保管方法　金属模板要保存在室温变化小的地方。不要将模板随意在地上放置，要垂直地面方向竖立放置在模板架上进行保管。

③ 寿命　通常以印刷 30000～50000 次为标准进行更换，但是当印刷过程中发现模板印刷性能不好的时候，也应立即更换。

3）模板的窗口及厚度

模板的窗口形状尺寸及厚度直接关系到焊膏印刷量，从而影响到焊接质量。模板厚和窗口尺寸过大会造成焊膏施放量过多，易造成桥连等焊接缺陷；窗口尺寸过小，会造成焊膏施放量不足，会产生虚焊等焊接缺陷。

① 模板窗口的形状与尺寸　为了得到高质量的焊接效果，近年来人们对模板窗口形状与尺寸做了大量研究，将形状为长方形的窗口改为圆形或尖角形，如图 3-11 所示，其目的是防止印刷后或贴片后因贴片压力过大使焊膏铺展到焊盘外边，导致再流焊后焊盘外边的焊膏形成小锡球并影响到焊接质量。通常模板窗口的形状与尺寸设计时有如下原则。

第一，模板窗口尺寸略小于焊盘尺寸，例如，引脚间距 0.45mm QFP 模板的窗口长度可按其焊盘长度的 0.96 倍来设计。

第二，模板窗口形状不宜太复杂。在改变模板窗口形状时，应防止过尖的形状给模板清洁工作带来麻烦，因此，模板窗口形状更改不应太复杂。

第三，印刷无铅焊膏的模板开口尺寸略大于印刷锡铅焊膏的模板。有时可直接按焊盘设计尺寸来作为窗口尺寸，必要时还可适当增大尺寸。对于间距大于 0.5mm 的器件，一般采取 1∶1.02～1∶1.1 的开口；对于间距≤0.5mm 的器件，一般采取 1∶1 的开口，原则上至少不用缩小。

图 3-11　防锡球的模板窗口形状

模板厚度、窗口尺寸与元件引脚中心距之间的关系如表 3-1 所示。

表 3-1　模板厚度、窗口尺寸与元件引脚中心距之间的关系

元件类型	引脚间距	焊盘宽度	焊盘长度	开口宽度	开口长度	钢网厚度	宽厚比	面积比
PLCC	1.25mm [49.2mil]	0.65mm [25.6mil]	2.00mm [78.7mil]	0.60mm [23.6mil]	1.95mm [76.8mil]	0.15～0.25mm [5.91～9.84mil]	2.3～3.8	0.88～1.48
QFP	0.65mm [25.6mil]	0.35mm [13.8mil]	1.50mm [59.1mil]	0.30mm [11.8mil]	1.45mm [57.1mil]	0.15～0.175mm [5.91～6.89mil]	1.1～2.0	0.71～0.83

续表

元件类型	引脚间距	焊盘宽度	焊盘长度	开口宽度	开口长度	钢网厚度	宽厚比	面积比
QFP	0.50mm [19.7mil]	0.30mm [11.8mil]	1.25mm [49.2mil]	0.25mm [9.84mil]	1.20mm [47.2mil]	0.125～0.15mm [4.92～5.91mil]	1.7～2.0	0.69～0.83
	0.40mm [15.7mil]	0.25mm [9.84mil]	1.25mm [49.2mil]	0.20mm [7.87mil]	1.20mm [47.2mil]	0.10～0.125mm [3.94～4.92mil]	1.6～2.0	0.68～0.86
	0.30mm [11.8mil]	0.20mm [7.87mil]	1.00mm [39.4mil]	0.15mm [5.91mil]	0.95mm [37.4mil]	0.075～0.125mm [2.95～3.94mil]	1.5～2.0	0.65～0.86
0402	N/A	0.50mm [19.7mil]	0.65mm [25.6mil]	0.45mm [17.7mil]	0.60mm [23.6mil]	0.125～0.15mm [4.92～5.91mil]	N/A	0.84～1.00
0201	N/A	0.25mm [9.84mil]	0.40mm [15.7mil]	0.23mm [9.06mil]	0.35mm [13.8mil]	0.075～0.125mm [2.95～3.94mil]	N/A	0.66～0.89
BGA	1.25mm [49.2mil]	CIR 0.80mm [31.5mil]	CIR 0.80mm [31.5mil]	CIR 0.75mm [29.5mil]	CIR 0.75mm [29.5mil]	0.15～0.20mm [5.91～7.87mil]	N/A	0.93～1.25
uBGA	1.00mm [39.4mil]	CIR 0.38mm [15.0mil]	CIR 0.38mm [15.0mil]	SQ 0.35mm [13.8mil]	SQ 0.35mm [13.8mil]	0.115～0.135mm [4.53～5.31mil]	N/A	0.67～0.78
	0.50mm [19.7mil]	CIR 0.30mm [11.8mil]	CIR 0.30mm [11.8mil]	SQ 0.28mm [11.0mil]	SQ 0.28mm [11.0mil]	0.075～0.125mm [2.95～3.94mil]	N/A	0.69～0.92

注：宽厚比＝开口宽度(W)/钢网厚度(H)＞1.5；

面积比＝开口面积/孔壁面积＝$(L \times W)/(2H) \times (L+W)＞0.66$

② 模板的厚度　模板的厚度直接影响到焊膏的印刷量。根据不同的印刷需求，模板的厚度在 0.05～1.0mm 范围内，通常情况下，如没有 FC、CSP 器件的存在，模板的厚度取 0.15mm 就可以了。但随着电子产品小型化，电子产品组装技术愈来愈复杂，FC、COB、CSP 器件的出现，实现 FC、COB、CSP 与大型 PLCC、QFP 器件共同组装的产品愈来愈多，以及有时还同时带有通孔元件再流焊。这类器件组装的关键工艺，是如何将焊膏精确地分配到所需焊盘上，因为 FC、CSP 所需焊膏量少，故所用模板的厚度应该薄，窗口尺寸也较小，而 PLCC 等器件焊接所需焊膏量较多，故所用模板较厚，窗口尺寸也较大。一般情况下，对 0.5mm 的引线间距，用厚度为 0.12～0.15mm 模板，对 0.3～0.4mm 的引线间距，用厚度为 0.1mm 模板。

显然用同一厚度的模板难以兼容上述两种要求。为了成功实现上述多种器件的混合组装，现已实现采用不同结构的模板来完成焊膏印刷，常用的模板有以下几类。

局部减薄（Step-Down）模板。局部减薄模板，其大部分面积厚度仍是取决于一般元件所需要的厚度，即仍为 0.15mm，但在 FC、CSP 器件处将其模板用化学的方法减至 0.075～0.1mm，这样使用同一块模板就能满足不同元器件的需要。

局部增厚（Step-Up）模板。它适用于板载芯片 COB 器件已贴装在 PCB 上，然后再进行印刷焊膏贴装其他片式元件，局部增厚的位置就在 COB 器件上方，它以覆盖 COB 器件为目的，凸起部分与模板呈圆弧过渡以保证印刷时刮刀能流畅地通过。

无论是局部减薄模板还是局部增厚模板，在使用时均应配合橡胶刮刀才能取得良好的印刷效果。

（3）模板固定装置

如图 3-12 所示是一个滑动式模板固定装置的结构示意图。松开锁紧杆，调整模板安装框，可以安装或取出不同尺寸的模板。安装模板时，将模板放入安装框，抬起一点，轻轻向前滑动，然后锁紧。每种印刷机设备都有安装模板允许的最大和最小尺寸。超过最大尺寸则不能安装；小于最小尺寸可通过钢网适配器来配合安装。

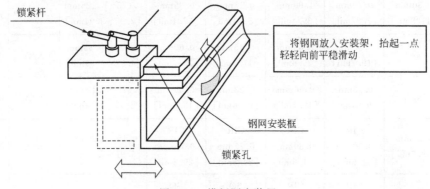

图 3-12　模板固定装置

（4）PCB 定位系统

带双面真空吸盘的工作台，可用来印制双面板。PCB 的定位一般采用孔定位方式，再用真空吸紧。工作台的 X-Y-Z 轴均可微调，以适应不同种类 PCB 的要求和精确定位。

PCB 的放进和取出方式有两种：一种是将整个刮刀机构连同模板抬起，将 PCB 拉进或取出，采用这种方式时，PCB 的定位精度不高；另一种是刮刀机构及模板不动，PCB "平进平出"，使模板与 PCB 垂直分离，这种方式的定位精度高，印制焊膏形状好。

因 PCB 变形或 PCB 上的焊盘图形制作不精确，采用视觉系统对 PCB 上的基准标记定位，并进行校正。这样可以使装调时间少而精度高，同时还能对 PCB 焊盘图形的位置进行检查，一旦误差超出偏差标准，即告知操作者。

不同品牌的印刷机定位方式会有所不同。如图 3-13 所示是全自动印刷机的定位系统示意图，CCD 摄像机处于模板和 PCB 板的中间位置。PCB 板传入后，摄像头自动寻找模板和 PCB 上的定位标记（Mark），通过 Mark 点的位置对准实现模板与 PCB 板的精确定位。

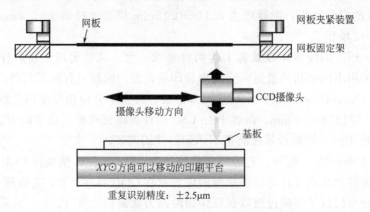

图 3-13　全自动印刷机的定位系统示意图

（5）刮刀系统

刮刀系统是印刷机上最复杂的运动机构，包括刮刀、刮刀固定机构、刮刀的传输控制系统等，如图 3-14 所示。

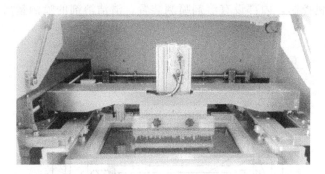

图 3-14　刮刀系统

刮刀系统完成的功能包括：使焊膏在整个模板面积上扩展成为均匀的一层，刮刀按压模板，使模板与 PCB 接触；刮刀推动模板上的焊膏向前滚动，同时使焊膏充满模板开口；当模板脱开 PCB 时，在 PCB 上相应于模板图形处留下适当厚度的焊膏。刮刀有金属刮刀和橡胶刮刀等，分别应用于不同的场合。它必须具有高摩擦阻力和耐溶剂清洗的性能，其硬度是影响焊膏印制质量的重要因素。用橡胶制作的刮刀，当刮刀头压力太大或材料较软时，易嵌入金属模板的孔中（特别是大窗口孔），并将孔中的焊膏挤出，从而造成印制图形凹陷，印制效果不良。为此，人们采用金属刮刀代替橡胶刮刀。金属刮刀由高硬度合金制成，非常耐疲劳、耐磨、耐弯折，并在刀刃上涂敷润滑膜。当刃口在模板上运行时，焊膏能被轻松地推进窗口中，消除了焊料凹陷和高低起伏现象。

另外，近几年出现了新型的密闭式刮刀技术，如图 3-15 所示为密闭刮刀剖面图，图 3-16 所示为密闭刮刀外观。与前面所描述的开放型刮刀相比，它具有以下优势。

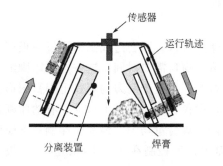

图 3-15　密闭刮刀剖面图

图 3-16　密闭刮刀外观

① 焊膏量极少的情况下仍能印刷。

② 对焊膏有利，能够防止焊膏的氧化。

③ 焊膏的有效利用率高。

④ 内部压力增加焊膏填充效果，能够防止印刷不良的发生。

⑤ 工艺调制较简单，印刷速度较快。

但因密闭刮刀价格非常昂贵，也只改善部分的印刷问题，因此没有得到广泛应用。

（6）模板清洁装置

如图 3-17 所示为滚筒式卷纸模板清洁装置。它能有效地清除模板背面和开孔上的焊膏微粒和助焊剂。装在机器前方的卷纸可以更换、维护。为了保证清洁效果并防止卷纸浪费，上部的滚轴由电动机控制，内部设有溶剂喷洒装置，清洁溶剂的喷洒量可以通过控制旋钮进行调整。

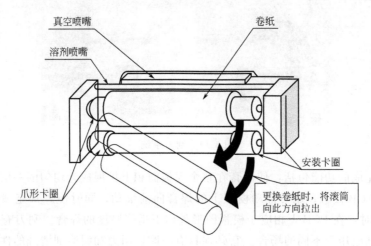

图 3-17　滚筒式卷纸模板清洁装置

3.1.1.4　印刷机工艺参数

（1）刮刀的夹角

刮刀的夹角影响到刮刀对焊膏垂直方向力的大小，夹角越小，其垂直方向的分力越大，通过改变刮刀角度可以改变所产生的压力。刮刀角度如果大于 80°，则焊膏只能保持原状前进而不滚动，此时垂直方向的分力几乎没有，焊膏便不会压入印刷模板开口。刮刀角度的最佳设定应在 45°～60°范围内，此时焊膏有良好的滚动性。

（2）刮刀的速度

刮刀速度增加，会有助于提高生产效率；但刮刀速度过快，则会造成刮刀通过模板窗口的时间太短，导致焊膏不能充分渗入窗口，因为焊膏流进窗口需要时间，这一点在印刷细间距 QFP 图形时能明显感觉到，当刮刀沿 QFP 一侧运行时，垂直于刮刀的焊盘上焊膏图形比另一侧要饱满，且如果刮刀速度过快，焊膏会影响滚动而仅在印刷模板上滑动。有的印刷机具有刮刀旋转 45°的功能，以保证细间距 QFP 印刷时四面焊膏量均匀。最大的印刷速度应保证 QFP 焊盘焊膏印刷纵横方向均匀、饱满，通常当刮刀速度控制在 20～40mm/s 时，板刷效果较好。通常在生产中，需要兼顾印刷质量与效率。

另外，刮刀的速度和焊膏的黏稠度也有很大的关系，刮刀速度越慢，焊膏的黏稠度越大；同样，刮刀的速度越快，焊膏的黏稠度越小。

（3）刮刀的压力

刮刀在水平运动的同时，机构通常会对刮刀装置施加垂直方向的正压力，即通常所说的印刷压力。印刷压力太小会引起焊膏刮不干净，同时刮刀竖直方向的力太小，焊膏不能有效地通过模板沉积到焊盘上，致使 PCB 焊盘上焊膏量不足；如果印刷压力过大，又会导致焊盘上焊膏太薄，甚至损坏模板，也会导致模板背后的渗漏。

通常可以采用以下方法设置刮刀压力，在模板表面涂敷上薄薄的一层焊膏，首先设置偏小点的刮刀压力，然后慢慢增加压力，直到刮刀能够刚好一次把焊膏从模板表面刮干净为准，此时刮刀压力为理想的压力。从刮刀运行动作上看，刮刀在模板上要运行自如，既要求刮刀所到之处焊膏全部被刮走，不留多余的焊膏，同时刮刀又不能在模板上留下划痕。

（4）刮刀宽度

如果刮刀相对于 PCB 过宽，那么就需要更大的压力、更多的焊膏参与其工作，因而会造成焊膏的浪费。一般刮刀的宽度为 PCB 宽度加上 50mm 左右为最佳，并要保证刮刀头落在金属模板上。

（5）印刷间隙

印刷间隙是模板固定后与印制电路板之间的距离，通常保持 PCB 与模板零距离，很多印刷机还要求 PCB 平面稍高于模板的平面，调节后模板的金属模板被微微地向上撑起，但此撑起的高度不应过大，否则会引起模板损坏。

（6）分离速度

焊膏印刷后，模板离开 PCB 的瞬时速度即分离速度，是关系到印刷质量的参数。分离速度过快窗口会带走部分焊膏，分离速度过慢印刷效率又会降低，因此需要找合适的分离速度。

（7）离网距离

最合适的离网距离是由焊膏物性值、模板张力、模板开口部位的尺寸等决定的。离网距离即使过大对印刷性能也不会有坏的影响，但是印刷周期就变长了，印刷效率就会降低。如果离网距离短，在离网完成之前，印刷就进入下一个动作，可能导致填充量、填充形状发生变化（主要引起少焊、缺焊）。

（8）刮刀形状与制作材料

刮刀形状与制作材料有很多，从制作材料上可分为橡胶（聚氨酯）刮刀和金属刮刀两类。

1）橡胶（聚氨酯）刮刀

橡胶刮刀有一定的柔性，硬度为 75°～85°肖氏（Shore）。橡胶刮刀多用于非接触式丝网印刷及局部减薄或局部增厚模板的印刷。

用橡胶刮刀，当刮刀头压力太大或材料较软时易嵌入金属模板的孔中（特别是大窗口孔），将孔中的焊膏挖出，造成印刷图形凹陷，印刷效果不良。为此，人们采用金属刮刀来代替橡胶刮刀，如图 3-18 所示，表明了金属刮刀与橡胶刮刀印刷的情况与效果。

(a) 橡胶刮刀   (b) 金属刮刀

图 3-18 橡胶刮刀与金属刮刀的运行效果

2）金属刮刀

金属刮刀耐磨，使用寿命长（约 30000 至 50000 次，是橡胶刮刀的 10 倍左右），用于平整度好的金属模板印刷。适宜各种间距及密度的印刷，特别适用于窄间距、高密度、印刷质量要求比较高的印刷。而且金属刮刀使用寿命长，应用最广泛。

采用金属刮刀具有下列优点：从较大、较深的窗口到超细间距的印刷均具有优异的一致性；刮刀寿命长，无须修正；由于印刷时没有焊料的凹陷和高低起伏现象，大大减少甚至完全消除了焊料的桥接和渗漏。

3.1.1.5 常见印刷缺陷分析

良好的印刷要求无渗透、无少焊、无凹陷、有良好的印刷精度等，用一句话表示为：在正确的位置上，适当的量，漂亮的形状，稳定的印刷，如图 3-19 给出良好印刷的样图。

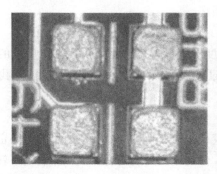
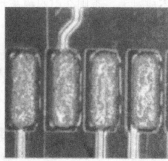

图 3-19　良好印刷的样图

如图 3-20 所示给出了印刷位置偏离、填充量不足、缺焊、桥连、凹陷、渗透几种典型的印刷不良的情况。

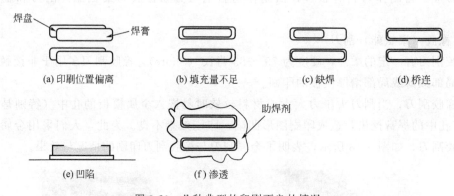

图 3-20　几种典型的印刷不良的情况

如图 3-21 所示是影响印刷性能的主要因素。

在焊膏印刷中影响印刷性能和焊膏质量的工艺操作因素繁多，要达到最佳的印刷效果和合乎要求的质量必须从主要方面着手，综合考虑以下因素。

① 模板材料、厚度、开孔尺寸和制作方法。

② 焊膏黏度、成分配比、颗粒形状和均匀度。

③ 印刷机精度、性能和印刷方式。

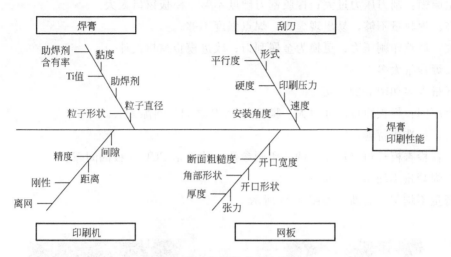

图 3-21　影响印刷性能的主要因素

④ 刮刀的硬度、刮印压力、刮印速度和角度。

⑤ 印制电路板 PCB 板的平整度和阻焊膜。

⑥ 其他方面，如焊膏量、环境条件影响及模板的管理等。

常见印刷缺陷有如下几种。

（1）印刷位置偏离

印刷位置偏离现象如图 3-22 所示。

产生原因：模板和 PCB 板的位置对准不良是主要原因，也有模板制作不良的情况；印刷机印刷精度不够。

危害：易引起桥连。

对策：调整模板位置；调整印刷机。

（2）填充量不足

对 PCB 板焊盘的焊膏供给量不足的现象。未填充、缺焊、少焊、凹陷等都属于填充量不足。因为与印刷压力、刮刀速度、离网条件、焊膏性能和状态、模板的制作方法、模板清洁不良等多种因素相关，所以印刷条件的最合理化非常重要。

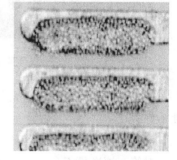

图 3-22　印刷位置偏离

（3）渗透

渗透是指助焊剂渗透到被填充的焊盘周围的现象。产生渗透有印刷刮刀压力过大，模板和 PCB 板的间隙过大等各种原因。应采取调整印刷参数，及时清洁模板等措施。

（4）桥连

焊膏被印刷到相邻的焊盘上的现象。可能的原因有模板和 PCB 板的位置偏离、印刷压力大、印刷间隙大、模板反面不干净等。应合理调整印刷参数，及时清洁模板。

（5）焊膏图形有凹陷

焊膏图形有凹陷如图 3-23 所示。

图 3-23　焊膏图形有凹陷

产生原因：刮刀压力过大；橡胶刮刀硬度不够；模板窗口太大。

危害：焊料量不够，易出现虚焊，焊点强度不够。

对策：调整印刷压力；更换为金属刮刀；改进模板窗口设计。

（6）焊膏量太多

焊膏量太多如图 3-24 所示。

产生原因：模板窗口尺寸过大；模板与 PCB 之间的间隙太大。

危害：易造成桥连。

对策：检查模板窗口尺寸；调节印刷参数，特别是 PCB 模板的间隙。

（7）焊膏量不均匀，有断点

焊膏量不均匀，有断点如图 3-25 所示。

图 3-24　焊膏量太多　　　　　　图 3-25　焊膏量不均匀，有断点

产生原因：模板窗口壁光滑度不好；印刷次数太多，未能及时擦去残留焊膏；焊膏触变性不好。

危害：易引起焊料量不足，如虚焊、缺陷。

对策：擦净模板。

（8）印刷图形模糊

印刷图形模糊，如图 3-26 所示，是 PCB 焊盘上印刷的焊膏不能独立成型，往往连成一片，形成比桥连更大的连接区。

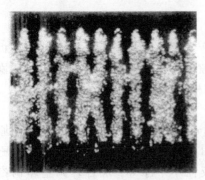

产生原因：模板印刷次数多，未能及时擦干净；焊膏质量差；离网时有抖动。

危害：易造成桥连。

对策：擦洗模板；换焊膏；调整机器。

总之，焊膏印刷时应注意焊膏的参数会随时变化，如粒度、形状、触变性、助焊剂性能等，此外，印刷机的参数也会引起变化，如印刷压力、速度、环境温度等。焊膏印刷质量对焊接质量有很大影响，因此应仔细对待印刷过程中的每个参数，并经常观察和记录

图 3-26　印刷图形模糊

相关数据。

3.1.2　喷印焊膏

在以 iPhone、iPad、Headset 和 Smart Watch 等为代表的精密组装的电子产品上，大量的细间距器件、微焊点元器件不断涌现。这类电子产品进行生产制造时，往往需要在厚度 0.8mm 以下的薄板和柔性线路板上同步进行组装，而传统的模板印刷在生产中无疑成了瓶颈和短板。同时，对于一些多品种小批量的产品也需要一种能够快速转产且不需专用治具的焊膏涂敷设备，以节约生产成本和提高生产效率。

将喷印技术应用于焊膏涂敷设备，是传统模板印刷技术的一种替代。借助独特的喷射结构，无需模板，不需接触 PCB 板，以类似喷墨打印机的工作方式实现不同平面或不同角度焊盘的焊膏涂敷。这种工艺是完全由软件控制的，用户可以对多个工艺参数进行微调，比如焊膏的淀积量，焊膏覆盖的区域，每一个焊盘、元件或封装上焊膏淀积的高度和层数等。

（1）焊膏喷印技术原理

焊膏喷印技术从点涂技术发展而来，喷印头结构如图 3-27 所示。喷印时将管装焊膏装入焊膏盒，通过侧面的微型螺旋泵将焊膏导入密封的腔体内，设备采用压电式方式将焊膏喷在印制板焊盘上，每个焊膏液滴直径大小在 0.215～0.600mm，通过液滴的堆积实现焊膏的沉积成形。

（2）焊膏喷印技术特点

焊膏喷印是一种非接触的涂敷方式，其过程不产生压力，可控性强，能够实现任意图形焊膏点的精确涂敷，给柔性电路板、3D 焊膏涂敷、QFN 等涂敷提供了新的解决方案。传统模板印刷需要提前制作模板，其细间距工艺比较难控制，且制作模板需要周期。而焊膏喷印不需要模板，通过 CAD 或 Gerber 文件进行

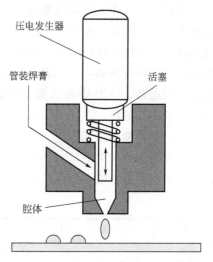

图 3-27　喷印头结构

焊盘匹配和编辑，即可形成喷印程序，这一点在自动化生产中可节约大量换产时间。目前喷印机最高喷印速度为每小时 1080000 点，效率上还远小于模板印刷机，而且涂敷密度越高的印制板差距越明显，因此焊膏喷印技术更适用于小批量多品种的生产。

（3）喷印机主要结构

首台喷印机 MY500 型，如图 3-28 所示，于 2007 年由瑞典 MYDATA 公司研发投入使用。喷印机包括硬件和软件两部分，其中硬件部分，如图 3-29 所示，主要有机身、立柱、支撑平台、直线电机、X 轴、Y 轴和 Z 轴导轨、光栅尺、CCD 图像采集仪、喷射阀、传输系统等。软件部分主要由计算机控制系统及相应的编程软件构成，喷印程序既可以从多种格式 CAD 文件中转化并生成，也可以采取离线方式编制后再行导入。

生产前，工作人员先将针管装焊膏或其他需要涂敷的针管装材料取出，进行规定时间的回温处理，然后将其装入到喷印头上，通过气压把焊膏连贯地压入到密封的喷射腔体中，通过压电马达带动摩擦陶瓷片使密封腔与针头导通，确保焊膏能高速地喷射到焊盘上。通过安装不同类型的喷头，可以满足平面、曲面以及深腔的喷印。

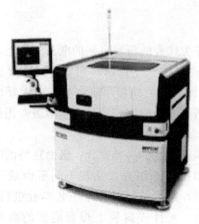

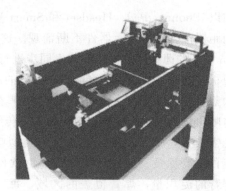

图 3-28　首台喷印机 MY500 型　　　　　图 3-29　喷印机硬件结构

生产时，工作人员调用系统中已有的程序或直接从多种格式 CAD 文件中转化为通用文件并生成喷印程序。在程序控制下，借助直线电机驱动，喷印头的 X 轴可沿导轨横梁做往复运动，并借助立柱和横梁上面安装的光栅尺测量横梁的运动位移以及反馈补偿运动误差；喷射阀在 Z 轴导轨做上下运动，Y 轴则沿导轨做左右运动，从而实现喷印头在工作区域内任意空间运动。CCD 图像采集系统直接将光学图像转换为电荷信号，以实现图像的存储、处理、显示和定位。

（4）焊膏喷印技术工艺

焊膏喷印技术主要针对小批量产品，细间距焊盘、腔体焊盘、BGA 植球等模板印刷难以解决的问题进行喷印操作，常用小尺寸焊盘的喷印参数，如表 3-2 所示。

表 3-2　常用小尺寸焊盘的喷印参数

喷印参数	0201 阻容	0402 阻容	0603 阻容	BGA 植球	腔体 QFN
焊盘尺寸	0.3mm 直径圆	0.5mm 直径圆或者 0.5mm×0.5mm 矩形	1mm×1mm 矩形	0.6mm 直径圆	0.3mm×0.5mm 引脚 腔深 0.8mm
焊膏粉号	5	5	5	5	5
焊膏温度	32℃	28℃	28℃	28℃	32℃
喷印点径	0.3mm	0.3mm	0.5mm	0.4mm	0.3mm
喷印点数	焊盘中心位置 1 点	焊盘中心位置 4 点或 2×2 点阵	4×4 点阵	焊盘中心位置 6 点	1×2 点阵
喷头高度	0.3mm	0.65mm	0.65mm	0.65mm	1mm（高出平面 0.2mm）
喷头气压	90kPa	110kPa	110kPa	100kPa	90kPa
喷印频率	150Hz	150Hz	200Hz	150Hz	150Hz
基准点误差允许范围	0.125%	0.5%	1%	0.5%	0.125%

（5）焊膏喷印技术的特点

与传统的焊膏模板印刷技术相比，焊膏喷印技术具有以下特点。

1）优点

① 灵活性高　随着电路板朝着小型化、高密度的方向发展，更小尺寸及更细间距的元器件使用，要求大、小元器件可以被紧密地组装在一起，因此，出现了印制板上不同器件焊膏厚度需求不同的情况。考虑到细间距小面积元件需要少印刷些焊膏，而大间距大面积元件需要多印刷些焊膏，通常根据重要元件的焊膏需求来确定模板厚度。这种情况下，通过模板印刷方式，要保证 PCB 板上每个器件焊盘上的焊膏量都满足焊接质量需求很难，尤其同一 PCB 板上的器件引脚间距差距越大，越难满足，因此，必要时需制作阶梯模板（即局部减薄或局部增厚模板）进行焊膏印刷，阶梯模板制作成本高，加工周期长；而采用焊膏喷印可灵活解决该问题，因焊膏喷印可以根据焊盘大小和器件引脚间距，灵活调整相应的焊膏喷涂量，使每个元件上的焊膏量都达到最优。

② 适用范围广　焊膏喷印不仅适用于平面 PCB 板焊膏涂敷，还可利用喷嘴与印制板面之间距离可调的特性，在焊膏喷涂质量可接受范围内，用于解决焊膏印刷不能解决的腔体模块焊膏涂敷问题，相比焊膏印刷其适用范围更广。

③ 节省焊膏　传统的模板印刷设计时倾向于根据重要的元件需要来确定焊膏模板的厚度；同时必须保证 PCB 板上每一个焊盘都充分涂敷上焊膏，以避免焊料不足或虚焊等问题；也就是说采用模板加工方式，印制板上涂敷的焊膏量必然多于其必需的量。而采用焊膏喷印技术可以对加工的每一个焊盘进行个性化涂敷量设定，每一个元件上的焊膏印刷都会优化，而不需要再去印刷超过必需量的焊膏。有研究表明，对于同一块 PCB，焊膏喷印技术所使用的焊膏量仅为模板印刷所需焊膏量的 65%，图 3-30 是使用模板印刷技术和喷印技术的焊膏涂敷量对比图。

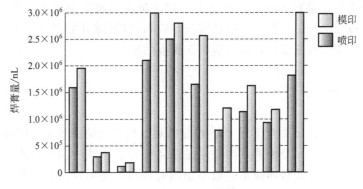

图 3-30　模板印刷技术和喷印技术的焊膏涂敷量对比图

2）缺点

① 喷印精度较低　由于喷出的焊料合金粉末最小直径为 0.33mm，加上喷嘴高速运动，对于引脚中心间距小于 0.5mm 的集成器件，焊膏喷印质量较差，容易出现桥连，因此，不适用于引脚中心间距小于 0.5mm 间距的集成器件的焊膏涂敷。

② 生产效率低　焊膏喷印是通过压电控制阀门喷射出一个个焊膏球进行焊膏涂敷，每个焊盘需喷印多个焊锡球，其生产效率比焊膏印刷方式低，不适合大批量 SMT 组装产品的焊膏涂敷。

③ 耗材成本高　焊膏喷印机的喷嘴为易损件，且购买价格较高，另外适用于喷印的焊膏价格比印刷的焊膏价格要高。

（6）喷印缺陷分析

因焊膏喷印过程与焊膏模板印刷过程不同，焊膏涂敷后出现质量缺陷类型分布比例也不相同。焊膏喷印过程由软件控制，相对于印刷工艺，桥连、拉尖、漏印等现象出现较少。焊膏喷印常见质量缺陷有焊膏喷印偏移、焊膏喷印过少、焊膏喷印过多，除此之外呈现出新的质量缺陷有：喷印散点、印制板擦伤等，具体原因分析及解决措施如表3-3所示。

表3-3　喷印过程缺陷分析表

喷印缺陷	缺陷原因	解决措施
焊膏喷印偏移	1. 基准点识别误差 2. 基准点形状不规则	1. 降低基准点识别误差允许范围 2. 使用更易识别的参考点作为印制板基准点
焊膏喷印过少	1. 喷印区域内焊膏量不足 2. 焊膏金属成分含量较低	1. 增加喷印点直径与喷印点数 2. 更换金属成分含量高的焊膏
焊膏喷印过多	喷印区域内焊膏量过剩	减少喷印点直径与喷印点数
喷印散点	1. 喷孔里有污渍残留 2. 喷头距印制板过高 3. 喷印气压过高	1. 定期清洁喷孔 2. 适当降低喷头高度 3. 适当降低喷印气压与喷印频率
印制板擦伤	1. 喷头距印制板过近 2. 高度测量误差	1. 增加喷头避让高度 2. 选取合适的高度测试位置

（7）焊膏喷印应用场合

焊膏喷印虽然具有灵活性高，可对一些特殊要求产品能进行焊膏定量分配，但其生产效率较低，并且喷印焊膏成本较高，不适合大批量产品的焊膏涂敷。因此，焊膏喷印的涂敷方式应该是模板印刷焊膏涂敷方式的一种补充，用于解决模板印刷不能解决（例如，腔体印刷）或解决成本较高的场合（例如，阶梯模板印刷），以及部分生产量较少的试制或研制产品，制作模板后又需要改进设计，需重新制作模板的场合。

3.2　贴片胶涂敷

贴片胶的涂敷是指将贴片胶涂到PCB指定区域。贴片胶的涂敷可采用分配器点涂技术、针式转印技术和胶印技术。分配器点涂技术是指将贴片胶一滴一滴地点涂在PCB贴装表面组装元器件的部位上；针式转印技术一般是指同时成组地将贴片胶转印到PCB贴装表面组装元器件的所有部位上；胶印技术与焊膏印刷技术是使用印刷方法将贴片胶涂敷到PCB上。

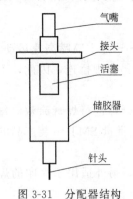

图3-31　分配器结构

气嘴

接头

活塞

储胶器

针头

3.2.1　分配器点涂技术

（1）分配器点涂技术基本原理

贴片胶涂敷工艺中普遍采用分配器点涂技术，所用的分配器类似于医用注射器，如图3-31所示，所以分配器点涂技术又叫注射法。

分配器点涂是预先将贴片胶灌入分配器中，点涂时，从分配器上容腔口施加压缩空气或用旋转机械泵加压，迫使贴片胶从分配器下方空心针头中排出并脱离针头，滴到PCB要求的位置上，从而实现贴片胶的涂敷。其基本原理如图 3-32 所示。由于分配器点涂方法的基本原理是气压注射，因此，该方法也称为注射式点胶或加压注射点胶法。

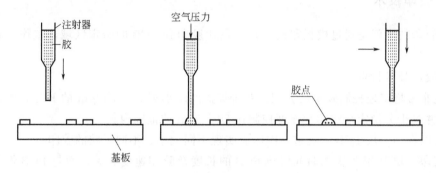

图 3-32　分配器点涂技术基本原理

采用分配器点涂技术进行贴片胶点涂时，气压、针头内径、温度和时间是其重要工艺参数，这些参数控制着贴片胶量的多少、胶点的尺寸大小及胶点的状态。为了精确调整贴片胶量和点涂位置的精度，专业点胶设备一般均采用微机控制，按程序自动进行贴片胶点涂操作，这种设备称为自动点胶机，如图 3-33 所示。

另外，贴片胶的流变特性与温度有关，所以点涂时需使贴片胶处于恒温状态。

（2）分配器点涂技术特点

① 分配器点涂技术适应性强，特别适合多品种产品场合的贴片胶涂敷。

② 易于控制，可方便地改变贴片胶量以适应大小不同元器件的要求。

图 3-33　自动点胶机

③ 由于贴片胶处于密封状态，其黏结性能和涂敷工艺都比较稳定。

3.2.2　针式转印技术

针式转印技术又叫针印法，可同时成组将贴片胶放置到要求点胶的位置上，如图 3-34 所示。针式转印技术的贴片胶涂敷质量取决于贴片胶的黏度等多个因素。在针印法中黏度要严格控制，以防止拖尾现象，贴片胶黏度是转印涂敷能否成功的最主要因素。工艺环境的温度和湿度也是重要因素之一，控制其在合适的范围内，可以使转印贴片胶滴的偏差减到最小。PCB 翘曲也是一个重要因素，因为转印的贴片胶滴的大小与针头和 PCB 之间的间距有关。

针印法技术的主要特点是能一次完成许多元器件的贴片胶涂敷，设备投资成本低，适用于同一品种大批量组装的场合。但它有施胶量不易控制、胶槽中易混入杂物、涂敷质量和控制精度较低等缺陷。

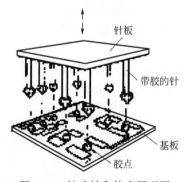

图 3-34　针式转印技术原理图

随着自动点胶机的速度和性能的不断提高，以及由于

61

SMT 产品的微型化和多品种、少批量特征越来越明显，针式转印技术的适用面已越来越小。

3.2.3 胶印技术

所谓胶印技术就是通过模板印刷工艺将贴片胶印到 PCB 的指定区域，工作过程类似于焊膏印刷。

（1）胶印技术特点

① 能非常稳定地控制胶量的分配。对于焊盘间距小至 $75\sim250\mu m$ 的 PCB，胶印工艺可以很容易并且十分稳定地将印胶厚度控制在 $50\pm5\mu m$ 的范围内。

② 可以在同一块 PCB 上通过一次印刷实现不同大小、不同形状的胶印。

③ 胶印一块 PCB 所需的时间仅与 PCB 的长度及胶印速度有关，而与 PCB 焊盘数量无关。而点胶机则是一点一点按顺序将胶水点涂在 PCB 上，点胶所需时间随胶点数目而异，胶点越多，所需时间越长。

（2）相关工艺及参数

大多数使用胶印技术的客户在焊膏印刷技术方面往往都是非常有经验的。胶印技术相关工艺参数的确定可以以焊膏印刷技术的工艺参数作为参考。下面讨论印刷工艺参数是如何影响胶印过程的。

① 模板。相对于焊膏印刷而言，用于胶印技术的金属模板要厚一点，一般为 $0.2\sim1mm$。考虑到胶水不具备锡膏在回流焊时所具有的自动向 PCB 焊盘聚缩的特性，模板漏孔的尺寸应小些，尺寸过大会导致胶水印刷到印制板的焊盘上，影响元件的焊接。特别是当印制板的布线精度差、印制对位精度较差时，这种情况尤易发生。对于有小尺寸芯片的 PCB 胶印，此种情况应特别引起注意。

② 印刷间隙。胶印时模板到 PCB 的间隙称为印刷间隙，通常设为一个较小值（而不是零），以便在刮刀刮完后就可以对模板进行剥离。如果采用零间隙（接触）印刷，则应采用较小的分离速度（$0.1\sim0.5mm/s$）。

若用薄的模板，只有当模板与 PCB 之间存在一定的印刷间隙时才可以使胶点达到一定的高度。在印刷期间，胶被压在模板的网孔内和模板与 PCB 的间隙之间。在对模板与 PCB 进行缓慢分离（如 $0.5mm/s$）时，胶被拉出和落下，得到一种或多或少的圆锥形状。

采用接触式印刷时，由于模板的厚度相对较小，所以胶点高度受到限制。对于大胶点（如 1.8mm），高度与模板的厚度差不多；对于中等尺寸的胶点（如 0.8mm），可能发生不规则的胶点形状。因为胶剂与模板和 PCB 的附着力几乎相等，在模板与 PCB 分离时，模板会拖长胶剂，因此胶点高度应大于模板厚度。对于 $0.3\sim0.6mm$ 的小胶点，由于胶剂的表面张力和对模板的附着力，部分胶会留在模板内，这些胶点的高度较低，但一致性非常好。

③ 刮刀。刮刀硬度是一个比较敏感的工艺参数，一般采用硬度较高的刮刀或金属刮刀，因为低硬度刮刀，如橡胶刮刀，会"挖空"模板漏孔内的胶。刮刀压力应以刚好刮净模板表面胶水为宜。

3.2.4 影响贴片胶黏结的因素

对于表面组装元器件来说，有三个因素会影响黏结效果。

（1）用胶量

黏结所需胶量由许多因素决定，一些用户根据自己的经验编制了一些内部使用的应用指南，在选择最适宜的胶量时可以参考这些指南。但由于贴片胶的流变性各有差异，完全照搬不现实，所以经常对用胶的量进行调整是完全必要的。黏结的强度和抗波峰焊的能力是由黏结剂的强度和黏结面积所决定的。一般来说，胶点的高度应大于表面组装元器件与 PCB 之间的间隙，胶在展开之后与表面组装元器件至少有 80% 的接触面积。一个合格的点胶工艺对胶点的形状、尺寸是有严格限制的，如胶点尺寸应小于焊盘间的距离，同时还要考虑到点胶位置的准确度和胶与焊盘间距离留出的余量，过大的面积会使返工非常困难。推荐采用双点胶，如贴装 1206 元器件，首先分析焊盘之间的距离（2mm），然后考虑到焊盘和点胶位置的准确性及放置片状电容后胶水的展开，得到胶点最大允许直径为 1.2mm，而胶点典型高度为 0.1mm，以此类推，0805 元器件，焊盘间距为 1mm，而胶点尺寸为 0.8mm。不同 SMD 贴片胶涂敷数量如表 3-4 所示。当焊盘过高或 SMD 元件下面间隙过大时，先在焊盘间黏放一个垫片，然后将贴片胶点在上面。

表 3-4　不同 SMD 贴片胶涂敷数量

SMD 分类	贴片胶涂敷数量/mg
1005RC	0.05～0.06
1608RC	0.06～0.07
2125RC	0.15～0.20
3216RC	0.20～0.25
3225RC	0.40～0.50
4540 微调电容器	1.0～1.3
4538、3030 电位器	0.6～0.9
绕线式电感器	0.20～0.25
叠层式电感器	0.15～0.20
滤波器	0.20～0.25
二极管、晶体管	1.8～2.0

（2）表面组装元器件元件的影响

表面组装元器件通常是用塑料做外壳，但也有采用玻璃、陶瓷和金属材质的，塑料外壳与贴片胶的黏结力较好，但陶瓷、玻璃和金属外壳与贴片胶的黏结力通常比较低。

（3）PCB 的影响

PCB 通常是玻璃纤维环氧树脂板，PCB 上会覆盖阻焊油墨层，贴片胶与 PCB 的黏结实际上是在阻焊油墨层上进行的，通常贴片胶与阻焊油墨层的黏结都是没有问题的。但一些阻焊油墨层上也会出现黏结强度不够的情况，这可能是由于阻焊油墨层在黏结前受到了污染或部分区域固化不好造成的。

第4章

贴 片

4.1 贴片概述

贴片技术是 SMT 产品组装生产中的关键。一般情况下，涂敷焊膏及再流焊一次就可完成整个 PCB 的涂敷及焊接，而表面组装元器件的贴装都要采用贴片机自动进行，贴片机必须对组装元器件一片一片地贴装，所以贴片机的技术性能会直接影响整条 SMT 生产线的生产效率及质量。因此贴片机是 SMT 产品组装生产线中最核心的、最关键的设备。

贴片就是将表面组装元器件从其包装结构中取出，然后准确贴放到 PCB 的焊盘位置上。所贴放的焊盘位置需是已涂敷了焊膏，或虽未涂敷焊膏，但在元器件所覆盖的 PCB 上已涂敷了贴片胶。贴放后，元器件依靠焊膏或贴片胶的黏附力初黏在指定的焊盘位置上。

早期，由于表面贴装元器件尺寸相对较大，人们用镊子等简单的工具就可以实现上述动作，至今仍有返修工艺采用人工放置元件的方法。但为了满足大批量生产的需要，特别是随着无源元件向微型化，有源器件向多引脚、细间距方向的不断发展，元器件类型越来越多，尺寸或引脚间距越来越小，因此贴片工作已经越来越依赖于高精度的贴片机设备来实现。贴片机的定位精度、贴片速度及可贴装的元器件种类已经成为衡量贴片机性能的三项重要指标。贴片机已由早期的低速度（1～1.5s/片）和低精度（机械对位）发展到高速度（0.08s/片）和高精度（光学对位，贴片精度为 $\pm 6\mu m$）。从某种意义上讲，贴片技术已成为 SMT 的支柱技术和深入发展的重要标志。

用贴片机实现贴片的基本过程如下所述。

① 将 PCB 送入贴片机的工作台，经光学找正后固定。

② 送料器将待贴装的元器件送入贴片机的吸拾工位，贴片机吸拾头以适当的吸嘴将元器件从其包装结构中吸取出来。

③ 在贴片头将元器件送往 PCB 的过程中，贴片机的自动光学检测系统与贴片头相配合，完成对元器件的检测、对位校正等任务。

④ 贴片头到达指定位置后，控制吸嘴以适当的压力将元器件准确地放置到 PCB 的指定焊盘位置上，元器件同时被已涂布的焊膏、贴片胶粘住。

⑤ 重复上述第②～④步的动作，直到将所有待贴装元器件贴放完毕。上面带有元器件的 PCB 被送出贴片机，整个贴片机工作便全部完成。下一个 PCB 又可送入工作台，开始新的贴放工作。

贴片过程示意图如图 4-1 所示。

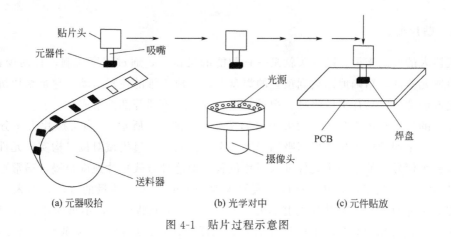

(a) 元器吸拾   (b) 光学对中   (c) 元件贴放

图 4-1 贴片过程示意图

4.2 贴片设备

4.2.1 贴片机的基本组成

  贴片机是表面组装生产线中最关键的设备，不仅是因为它几乎占了整条生产线投资额的一半以上，更是由于它对整个生产线的产品精度、生产效率、实际产量和生产能力起决定性作用。贴片机实际上是一种精密的工业机器人，是计算机控制，集光、电气及机械为一体的高精度自动化设备，通过拾取、位移、对位、放置等功能，在不损伤元器件和 PCB 的情况下，将表面组装元器件快速而准确地贴装到 PCB 所指定的焊盘位置上。

  目前，世界上生产贴片机的厂家有几十家，但常见的贴片机以日本和欧美的品牌为主，主要有 SIEMENS（西门子）、PANASONIC（松下）、YAMAHA（雅马哈）、CASIO（卡西欧）、SONY（索尼）、FUJI（富士）、SAMSUNG（三星）等。贴片机的型号和规格也有很多，但无论如何，它们的总体结构均有类似之处，普通贴片机的外观如图 4-2 所示。

  贴片机的结构大体可分为机体、PCB 传动装置、贴片头及其驱动定位系统、供料器、计算机控制系统、光学检测和视觉对位系统等。如图 4-3 所示为贴片机的基本结构。

图 4-2 贴片机的外观图

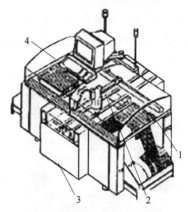

图 4-3 贴片机的基本结构
1—供料器；2—贴片头；3—机体；
4—计算机控制系统

4.2.1.1　贴片头

从机器人的概念来说，贴片头就是一只智能的机械手，通过程序控制，自动校正位置，按要求拾取元器件，精确地贴放到预置的焊盘上，完成三维的往复运动。它是贴片机上最复杂、最关键的部分。贴片头由吸嘴、视觉对位系统、传感器等部件组成。

贴片头的种类有单头和多头两大类（如图4-4和图4-5所示），多头贴片头又分为固定式和旋转式。早期的单头贴片机当吸嘴吸取一个元件后，通过机械对位机构实现元件对位并给供料器一个信号，使下一个元件进入吸片位置。但这种方式贴片速度很慢，通常贴放一只片式元件需要1s。为了提高贴片速度，人们采取增加贴片头的数量的方法，即采用多个贴片头来提高贴片速度。多头贴片机由单头增加到了3～6个贴片头，不再使用机械对位，而改进为多种形式的光学对位，工作时分别吸取元器件，对位后再依次贴放到PCB的指定位置上。目前，这类机型的贴片速度已达到每小时3万个元件的水准，而且这类机器的价格较低，并可组合使用。也可以采用旋转式多头结构，目前这种方式的贴片速度已达到每小时（4.5～5）万只。

图4-4　单头贴片头　　　　　　　　　　图4-5　多头贴片头

（1）吸嘴

贴片头的端部有一个用真空泵控制的贴装工具，即吸嘴。不同形状、不同大小的元器件往往采用不同的吸嘴拾放，如图4-6所示。当真空产生之后，吸嘴的负压把SMD元件从供料系统（散装料仓、管状料斗、盘状纸带或托盘包装）中吸上来，吸嘴在吸片时，必须达到一定的真空度方能判别拾起元器件是否正常。当元件侧立或因元器件"卡带"未能被吸起

图4-6　各种形状的吸嘴

时，贴片机将会发出报警信号。贴片头吸嘴拾起元器件并将其贴放到 PCB 的瞬间，通常采用两种方法进行贴放。一种方法是根据元器件的高度，即事先输入元件的厚度，当贴片头下降到此高度时，真空释放并将元器件贴放到焊盘上。采用这种方法有时会因元器件或 PCB 的个体差异，出现贴放过早或过迟的现象，严重时会引起元器件移位或飞片缺陷。另一种更先进的方法是根据元器件与 PCB 接触瞬间产生的反作用力，在压力传感器的作用下实现贴放的软着陆，故贴片轻松，不易出现移位与飞片缺陷。

吸嘴是直接接触元器件的部件，为了适应不同元器件的贴装，很多贴片机还配有一个更换吸嘴的装置，吸嘴与吸管之间还有一个弹性补偿的缓冲机构，保证在拾取过程中对贴片元器件的保护。

吸嘴在高速运动中与元器件接触，其磨损非常严重，所以吸嘴的材料与结构也越来越受到重视。早期采用合金材料，后又改为碳纤维耐磨塑料材料，更先进的吸嘴则采用陶瓷材料及金刚石，使吸嘴更耐用。

随着元器件的微型化，而且与周围元器件的间隙也在减小，吸嘴的结构也做了相应的调整。在吸嘴上开个孔以保证在吸取像 0603 等小元件时保持平衡，吸起并贴放的同时又不影响周边元器件，方便贴装。

（2）视觉对位系统

贴片机视觉对位系统是指通过 CMOS 或 CCD 捕获图像，将目标图像转化为数字图像信息，以便于计算机或者集成电路进行后续的图像处理。通过图像处理系统分析图像的特征信息，进而根据图像分析的结果控制运动装置进行相应的动作。也就是利用机器视觉系统在功能上替代人眼，通过图像处理系统硬件和算法进行图像处理，替代人的大脑对元器件的识别和检测功能。

随着电子产品对小、轻、薄和高可靠性的需求不断提高，只有对细间距元器件的精确贴装，才能确保表面组装器件贴装的可靠性。要精确贴装细间距器件，一般需考虑以下几个影响因素。

① PCB 定位误差。一般情况下，PCB 上的电路图形并不总是与 PCB 机械定位的加工孔和 PCB 边缘相对应，这将会导致贴装误差。另外，PCB 上电路图形扭曲不直、PCB 变形和翘曲等缺陷都会引起贴装误差。

② 元器件定心误差。元器件本身的中心线并不总是与所有引线的中心线相对应，所以贴装系统利用机械定心爪给元器件定心时，不一定能确保对准元器件所有引线的中心线。另外，在包装容器中，或在定心爪夹持定心时，器件引线有可能出现弯曲、扭曲和搭接等缺陷，即引线失去共面性。这些问题都会导致贴装误差和贴装可靠性下降。表面贴装在器件引线偏离焊盘不超过引线宽度的 25％ 时，贴装是成功的，当引线间距较窄时，可允许的偏差更小。

③ 机器本身的运动误差。影响贴片精度的机械因素有：贴片头或 PCB 定位工作台的 X-Y 轴运动精度、元器件定心机构的精度及贴片头的旋转精度等。

所以，为了获得满意的细间距元器件的贴装精度，视觉系统就成为高精度贴片机的重要组成部分。

机器的视觉系统由视觉硬件和视觉软件两大部分组成。摄像机是视觉系统影像的传感部件，一般采用固态摄像机。固态摄像机的主要部分是一块集成电路，集成电路芯片上制作有许多细小精密光敏元件组成的 CCD 阵列。每个光敏探测元件输出的电信号与被观察目标上相应位置反射光的强度成正比，这一电信号即作为这一像元的灰度值被记录下来。像元坐标决定了该点在图像中的位置。每个像元产生的模拟电信号经过模/数转换变成 0～255 之间的某一数值，并传送到计算机。摄像机获取的大量信息由微处理机处理，处理结果由显示器显示。摄像机与微处理机、微处理机与执行机构及显示器之间由通信电缆连接。

影响视觉系统精度的因素主要是摄像机的像元数和光学放大倍数。摄像机的像元数越多，精度就越高；图像的光学放大倍数越大，精度就越高。因为图像的光学放大倍数越大，对应于给定面积的像元数就越多，因而精度就越高。但是，放大倍数大时，找到对应图形就更加困难，因而会降低贴装系统的贴装率，所以要根据实际需要确定合适的摄像机光学放大倍数。

在高精度贴片机中广泛采用的机器视觉系统，其主要作用包括 PCB 的精确定位、元器件定心和校准、器件检测等。

图 4-7　PCB 的三个基准标志

① PCB 的精确定位。PCB 的精确定位是视觉系统最基本的作用，在 PCB 原图的角落附近设计三个基准标志（Mark 点），如图 4-7 所示，利用这三个基准标志，贴装系统根据设定的基准位置和 PCB 的实际位置之间的差别计算 PCB 精确定位补偿值，在系统控制下完成全部操作，不需要人工干预。采用这三个基准标志，贴装系统能对 X 轴和 Y 轴的线性平移、正交、定标和旋转等误差进行补偿。

② 元器件定心和校准。由于元器件中心和元器件引线的中心不重合及定心机构的误差，贴装工具很难严格地对准器件中心或引线中心，一般都有一定偏离，这就导致器件引线和 PCB 上焊盘图形的对准误差。对于细间距器件，由于对这种偏差要求严格，因而必须借助于视觉系统对元器件定心和对准。视觉系统对元器件定心和对准可以根据贴装精度的实际要求选择采用机械定心爪、定心工件台或光学对准系统等，如图 4-8 所示。

（a）机械定心爪　　　　　　（b）定心工作台

图 4-8　元器件定心和校准

③ 器件检测。贴片机应检测元器件是否已被贴片头成功地从供料器上拾取，拾取的元器件取向是否正确，元器件的电气技术规格是否符合要求。完成这些检测项目要求贴片机有

复杂的检测系统，并且当发现有缺陷的元件时，贴片机必须进行适当的纠正动作。在通用贴片机上，通常是放弃有缺陷的元器件，并另取一个代替，而在高速贴片机上则不可能马上执行纠正动作，它将丢弃有缺陷元器件并继续按程序贴装，直到全部程序完成后，再进行替换有缺陷元器件的补贴工序。

元器件对位检测装置有 CCD（Charge Coupled Device，电荷耦合器件）系统、line-sensor、激光对位系统。CCD 系统、line-sensor 检测元器件范围广泛，从片式阻容元件到大型集成电路，检测精度较高，一般用在高精度贴片机上；激光对位系统主要用来检测片式阻容元器件和小型集成电路，检测速度快，一般用在高速贴片机上。有些多功能贴片机为了能既快又精确地处理各种元器件，往往安装有多个视觉对位系统。例如，雅马哈公司的YVL88 贴片机除了在机体后侧安装有上视 CCD 视觉对位系统外，在贴片头上还安装有激光对位系统，较好地满足了各种元器件的检测需求。典型的贴片视觉对位系统如图 4-9 所示，系统总共有两台相机，分别是纠偏相机和定位相机。

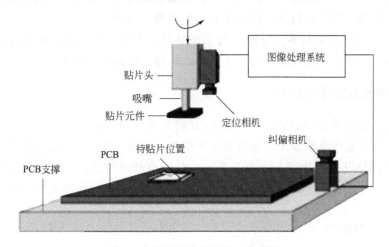

图 4-9　典型的贴片视觉对位系统

（3）传感器

为了使贴片头各机构能协同工作，贴片头安装有多种形式的传感器，它们像贴片机的眼睛一样，时刻监督机器的运转情况，并能有效地协调贴片机的工作状态。传感器应用越多，表示贴片机的智能化水平越高。贴片机中的传感器主要有压力传感器、负压传感器和位置传感器等。

① 压力传感器。随着贴片速度及精度的提高，对贴片头将元器件贴放到 PCB 上的"吸放力"的要求越来越高，这就是通常所说的"软着陆功能"，它是通过霍尔压力传感器及伺服电动机的负载特性来实现的。元器件放置到 PCB 的瞬间会受到震动，其震动力及时传送到控制系统，通过控制系统的调控再反馈到贴片头，从而实现软着陆功能。具有该功能的贴片头在工作时，给人的感觉是平稳轻巧，若进一步观察，则元器件两端浸到焊膏中的深度大体相同，这对防止出现立碑等焊接缺陷也是非常有利的。不带压力传感器的贴片头则会出现错位以致飞片现象。

② 负压传感器。贴片头上的吸嘴靠负压吸取元器件，它由负压发生器及真空传感器组成。负压不够，将吸不住元器件，供料器没有元器件或元器件卡在料包中不能被吸起时，吸嘴将吸不到元器件，这些情况的出现会影响机器正常工作。而负压传感器始终监视负压的变

化，出现吸不到或吸不住元器件的情况时，它能及时报警，提醒操作者更换供料器或检查吸嘴负压系统是否正常。

③ 位置传感器。PCB 的传输定位，包括 PCB 的计数、贴片头和工作台运动的实时检测、辅助机构的运动等，都对位置有严格的要求，这些位置要求通过各种形式的位置传感器来实现。

④ 图像传感器。贴片机工作状态的实时显示主要采用 CCD 图像传感器。它能采集各种所需的图像信号，包括 PCB 位置、元器件的尺寸，并经过计算机分析处理，使贴片头完成调整与贴片工作。

⑤ 激光传感器。激光已广泛地应用在贴片机中，它能帮助判别元器件引脚的共面性。当被测元器件运行到激光传感器的监测位置时，激光发出的光束照射到 IC 引脚并反射到激光读取器上，若反射回来的光束长度同发射光束相同，则器件共面性合格；当不相同时，则由于引脚上翘，使反射光束变长，激光传感器从而识别出该元器件引脚存在缺陷。同样，激光传感器还能识别元器件的高度，这样能缩短生产预备时间。

⑥ 区域传感器。贴片机在工作时，为了使贴片头安全运行，通常在贴片头的运动区域内设有传感器，利用光电原理监控运行空间，以防外来物体带来伤害。

4.2.1.2　PCB 传动装置与支撑台

PCB 传动装置的作用是将需要贴片的 PCB 送到预定位置，贴片完成后再将其送至下道工序。传动装置是安放在轨道上的超薄型皮带线传送系统，皮带线通常分为 A、B、C 三段，并在 B 段传送部分设有 PCB 夹紧装置，在 A、C 段有红外传感器。更先进的机器还带有条形码识别设备，它能识别 PCB 的进入和送出，记录 PCB 数量，如图 4-10 所示。

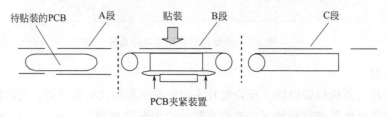

图 4-10　PCB 传动装置

在贴装操作过程中，电路板必须固定。这个夹板可防止电路板移动，而不妨碍可用的贴装面积。在某些设备上，夹板可自动地把一个新电路板送入机器，把装满元件的电路板送入下道工序。传动装置根据贴片机的类型又分为整体式导轨和活动式导轨两种。

① 整体式导轨。在这种方式的贴片机中，PCB 的进入、贴片、送出始终在导轨上。当 PCB 送到导轨上并前进至 B 段时，PCB 台有一个后退动作并遇到后限位块，于是 PCB 停止运行。与此同时，PCB 下方带有定位销的顶块上行，将销钉顶入 PCB 的工艺孔中，并且 B 段上的夹紧装置将 PCB 夹紧。定位销如图 4-11 所示。

在 PCB 下方，有一块支撑台板，台板上有阵列式圆孔，当 PCB 进入 B 段后，可根据 PCB 结构需要在台板上安装适当数量的支撑杆。随着台面的上移，支撑杆将 PCB 支撑在水平位，这样当贴片头工作时就不会将 PCB 下压而影响贴片精度。

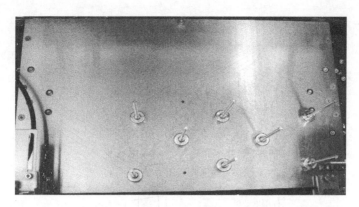

图 4-11　定位销

若 PCB 事先没有预留工艺孔，则可以采用光学辨认系统确认 PCB 的位置，此时可将定位块上的定位销钉拆除，当 PCB 到位后，由 PCB 前、后限定位块及夹紧装置共同完成 PCB 的定位。通常光学定位的精度高于机械定位，但定位时间稍长。

② 活动式导轨。在另一类高速贴片机中，B 段导轨相对 A、C 段是固定不变的，A、C 段导轨却可以上、下升降。当 PCB 由印刷机送到导轨 A 段时，A 段导轨处于高位，并与印刷机导轨相接；当 PCB 运行至 B 段时，A 段导轨下沉到与 B 段导轨同一水平面。PCB 由 A 段移到 B 段，并由 B 段夹紧定位。当 PCB 贴片完成后送到 C 段导轨，C 段导轨由低位（与 B 段同水平）上移到与下道工序的设备导轨同一水平高度处，并将 PCB 由 C 段送到下道工序。不同机型的导轨有不同的结构，其做法主要取决于贴片机的整体结构。

4.2.1.3　贴片机 X-Y 坐标传动的伺服系统

X-Y 定位系统是贴片机的关键机构，也是评估贴片机精度的重要指标。它有两种形式：一种是 PCB 做 X-Y 方向的正交运动；另一种是由贴片头做 X-Y 坐标平移运动，而 PCB 仍定位在一定精度的 PCB 定位工作台上，这两种运动方法都是为了将被贴装的元器件准确拾放到 PCB 的焊盘上。

PCB 做 X-Y 方向的正交运动的结构常见于塔式旋转头类的贴片机中。在这类高速机中，其贴片头仅做旋转运动，而依靠供料器的水平移动和 PCB 承载平面的运动完成贴片过程。贴片头做 X-Y 坐标平移运动，即把贴片头安装在 X 导轨上，X 导轨沿 Y 方向运动从而实现在 X-Y 方向贴片的全过程。这类结构在通用型贴片机中比较多见，如图 4-12 所示。

还有一类贴片机，贴片机的贴片头安装在 X 导轨上，并仅做 X 方向运动，而 PCB 的承载台仅做 Y 方向运动，工作时两者配合完成贴片过程。其特点是 X、Y 导轨均与机座固定，它属于静式导轨结构。

4.2.1.4　贴片机的控制程序

贴片机的控制是由计算机来完成的，通常采用二级计算机控制。每台贴片机都有它自己的一套控制软件，完成对机械结构运动的控制，主控计算机采用 PC 实现编程和人机接口。随着计算机技术的飞速发展，Windows 操作系统已逐步取代了 DOS、OS2 等平台，这使得操作更加智能化、可视化，贴片机的智能化水平已有了很大提升。

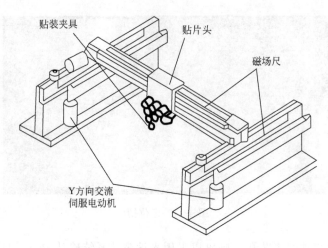

图 4-12　贴片头做 X-Y 坐标平移运动

4.2.1.5　供料系统

可靠地提供元器件是可靠贴装元器件的基本保证。元器件在包装中扭曲、反转或有其他故障，则很难从包装容器中取出，容易导致供料器故障，需人工干预。另外，如果机器漏检或存在误差，从包装容器中取出有缺陷的元器件并把它贴装到 PCB 上，则会导致返修。因此，在供料操作期间确保包装容器中元器件的完整性是提高贴装可靠性的关键因素之一。

元器件的供料由元器件装运包装容器和机械供料器组成的系统完成。首先，元器件制造厂家必须提供包装合适的元器件，确保元器件既能很容易地从包装容器内取出，又不能在容器内活动，以免导致取向错误和引线扭曲等缺陷。另外，供料器的设计必须使供料动作协调一致，不会损坏元器件。适合于表面组装元器件的供料器有编带供料器、管状供料器、盘式供料器和散装供料器等。

① 编带供料器。对应于编带包装的供料器叫做编带供料器（如图 4-13 和图 4-14 所示），编带包装适合于大多数表面组装元器件，一个编带能容纳大量元器件，并对每个元器件提供单独的保护。编带供料器操作可靠，应用范围广泛。元器件插放在袋中各个带内，并用塑料罩盖住，贴装时再将塑料罩剥掉。带宽随元件的不同而不同，一般为 8～56mm。

图 4-13　实际的编带供料器

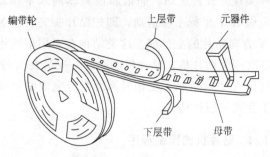

图 4-14　编带包装

编带保护了元器件在运输和操作过程中不受损伤，节省在贴片机上的装卸时间，并且防止元器件弄混和贴错方向，其在贴片生产中占有较大比例。

根据材质不同，编带可分为纸编带、塑料编带及黏结式塑料编带。其中，纸编带包装与塑料编带的元器件，可用同一种带状供料器；而黏结式塑料编带所使用的带状供料器的形式有所不同。但不管哪种材料的包装带，均有相同的结构。

② 管状供料器。许多 SMD 采用管状包装，它具有轻便、价廉的特点。管状供料器的功能是把管子内的器件按顺序送到吸片位置供贴片头吸取。管状供料器的形式多种多样，它由电动振动台、定位板等组成。早期仅安装一根管，目前则可以将相同的几个管叠加在一起，以减少换料的时间，也可以将几种不同的管并列在一起，实现同时供料，使用时只要调节料架振幅即可方便地工作。

如图 4-15 所示是单管式供料器的外形。管状供料器可分为三类：水平管式、斜杆式和斜滑式。水平管式供料器有多个轨道，可输送不同宽度的元器件。每台供料器的轨道数取决于所用元件本体的宽度。水平管式供料器很可靠，相对便宜一些，适用于大部分贴片机。斜杆式供料器（如图 4-16 所示）是水平管式供料器的一种改进，塑料管可以直接装进水平管式供料器的各个轨道，而元件则不必从塑料管中取出。这两种供料器都是利用某种形式的电磁振动把元件移到拾取位置。斜滑式供料器与斜杆式类似，只是它靠弹力而不是振动来移动元件，其轨道是整个机械的一个组成部分。斜滑式供料器比较贵，机身很长，输送的元件较多，不需要不断地装卸元件，但其应用却不如前两种广泛，因为它要求元件的容差必须很小，否则元件将会堆积在一起。管状供料器最大的弊端是元件错位。

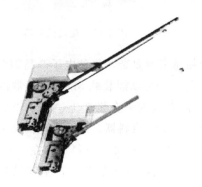

图 4-15　单管式供料器的外形

图 4-16　斜杆式供料器的外形

③ 散装供料器。散装元器件一般只适用于样品和小批量生产，不适用于自动组装生产线。它的包装成本比其他任何包装形式都低，但其供料的可靠性差。典型的散装供料器由包括一套挡板的线性振动轨道组成，以确保元器件到达供料器前端时取向正确。随着供料器的振动，元器件在轨道上排队向前移动，取向不正确的元器件跌落到储存器中，以后重新进入轨道再排队，直至最终取向正确。

散装供料器是近几年出现的新型供料器，如图 4-17 所示。SMC 放在专用的塑料盒内，每盒装有 1 万只元器件，不仅可以减少停机时间，而且节约了大量的编带纸，这也意味着节约木材，所以具有环保概念。

散装供料器也有很多缺点。若振动强度控制不当，有时会把元器件甩出供料器，造成许多元器件贴不上，增加了返工的次数。而且，散装供料器还经常引起贴片错位、元器件弄混、端点和引线损坏等问题，因而尽量不采用这种送料方式。

④ 盘式供料器。盘式供料器通常容纳引脚数多的大型集成电路器件和裸芯片，通常这类器件引脚精细，极易碰伤，故采用上下托盘将器件的本体夹紧，并保证左右不能移动，便

于运输和贴装。这种供料器的供料方式不同于上述几种供料器，实际形式如图 4-18 所示。盘式供料器的结构形式有单盘式和多盘式。单盘式供料器仅是一个矩形不锈钢盘，只要把它放在料位上，用磁条就可以方便地定位。对于多种 QFP 器件的供料，则可以通过多盘专用的供料器，现已广泛采用，通常安装在贴片机的后料位上，约占 20 个 8mm 料位，但它却可以为 40 种不同的 QFP 同时供料。较先进的多盘供料器可将托盘分为上下两部分，各容 20 盘，并能分别控制，更换元器件时，可实现不停机换料。

图 4-17　散装供料器

图 4-18　盘式供料器

⑤ 供料器的安装系统。由于 SMT 组装的产品越来越复杂，每种电子产品需贴装的元件也越来越多，因此要求贴片机能装载更多的供料器，通常以能装载 8mm 供料器的数量作为贴片机供料器的装载数。大部分贴片机是将供料器直接安装在机架上，为了能提高贴片能力，减少换料时间，特别是产品更新时往往需要重新组织供料器，因此大型高速的贴片机采用双组合送料架，真正做到不停机换料，最多可以放置 120×2 个供料器。在一些中速机中，则采用推车一体式料架，换料时可以方便地将整个供料器与主机脱离，实现供料器整体更换，大大缩短了装卸料的时间。

4.2.2　贴片机的类型

4.2.2.1　按贴片方式分类

这种分类方法在现实生产中不太常用，仅用于理论分析。按贴片方式分类，可将贴片机分成顺序式、同步式、在线式和同时/在线式四种类型，特点和应用范围如表 4-1 所示，动作方式如图 4-19 所示。

表 4-1　贴片机按贴片方式分类

贴片方式	特　点	应用范围
顺序式	按程序逐只顺序贴片，可根据 PCB 图形的变化，调整贴片顺序，适应性强	适用于多品种、小批量到中批量的生产
同步式	使用专用料盘供料，通过模板一次性地同时将多只 SMC/SMD 贴放在 PCB 上，贴装效率高，更换 PCB 品种困难，时间长	适用于少品种、大批量生产

续表

贴片方式	特　　点	应用范围
在线式	一系列顺序式贴片机排列成流水线,中间用传送机构连接,每一台贴片机的贴片头就贴一个或几个元器件。结构简单,系统贴片率高,但设备占地面积大,投资高	用于 PCB 上元器件数量少,而又大批量生产的电路组件
同时/在线式	同步式贴片机组成流水线,一组一组地贴装 SMC/SMD。贴片效率高,组成海量贴片系统,产量高	适用于大批量生产

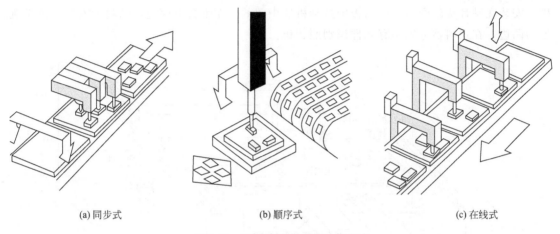

(a) 同步式　　　　　　　　　　(b) 顺序式　　　　　　　　　　(c) 在线式

图 4-19　不同贴片方式的动作方式

4.2.2.2　按贴片速度（贴片率）分类

按贴片速度分类,贴片机可分为低速、中速、高速和海量贴片系统（贴片率大于 2 万只/h）。

① 低速贴片机。低速贴片机的贴片率低于 3000 只/h。贴装循环时间一般低于 1s/点,一般适用于产品试制、新品开发、小批量生产及特殊 SMC/SMD 的贴装。

② 中速贴片机。中速贴片机的贴片率一般为 3000～8000 只/h,贴片循环时间一般在 1～0.5s/点。它适用于 SMC/SMD 范围较宽、配件丰富、功能完善,具有较高的贴片精度,又具有一定的生产效率的场合。另外,设备的性价比适中,是中、小批量生产的优先选用设备。

③ 高速贴片机。高速贴片机的贴片率为 8000 只/h 以上,贴片循环时间小于 0.4s/点。它生产效率高,适宜大批量生产,特别适用于大量使用片式电容器、片式电阻器及小型 SMD 的场合,而少量使用于特殊 SMD 的生产。通常,高速贴片机采用固定多头（通常为 6 头）或双组贴片头安装在 X-Y 导轨上,X-Y 伺服系统为闭环控制,故有较高的定位精度,贴片器件的种类较广泛。这类贴片机种类最多,生产厂家也多,能在多种场合下使用,并可以根据产品的生产能力大小组合拼装使用,也可以单台使用（因为它的贴片功能强）。而超高速贴片机则多采用旋转式多头系统,根据多头旋转的方向又分为水平旋转式与垂直旋转式。它的特点是,16 个贴片头可以同时贴片,故整体贴片速度快。但对单个头来说却仅相当于中速机的速度,故贴片头运动惯性小,贴片精度能得以保证。

4.2.2.3 按工作原理分类

（1）拱架型贴片机

拱架式结构又称动臂式结构，也可以叫做平台式结构或者过顶悬梁式结构，现在几乎所有的多功能贴片机和中速贴片机都采用这种结构。元件送料器、PCB 是固定的，贴片头（安装多个真空吸料嘴）在送料器与基板之间来回移动，将元件从送料器取出，经过对元件位置与方向的调整，然后贴放于基板上，其结构如图 4-20 所示。这种结构一般采用一体式的基础框架，将贴片头横梁的 X、Y 定位系统安装在基础框架上，电路板识别相机（下视相机）安装在贴片头的旁边。电路板传送到机器中间的工作平台上固定，送料器安装在传送轨道的两边，在送料器旁安装有元件识别照相机。

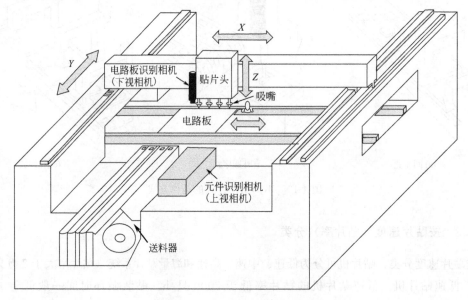

图 4-20　拱架型贴片机结构

① X、Y 定位系统。在较为经济的中速贴片机中，X、Y 驱动系统采用电动机丝杠驱动，编码器反馈；一般多功能贴片机和部分较高精度的中速贴片机采用电动机丝杠驱动，线性光栅尺反馈；也有的较高精度的贴片机采用线性电动机驱动，线性光栅尺反馈。根据功能和速度的要求不同，可以采用不同的横梁数量，安装不同数量的贴片头，如图 4-21 所示。

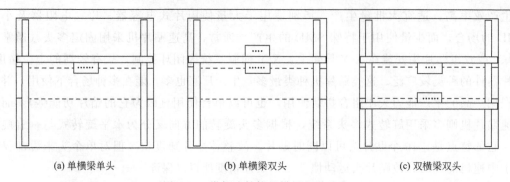

(a) 单横梁单头　　　　　　　　(b) 单横梁双头　　　　　　　　(c) 双横梁双头

图 4-21　拱架式结构的横梁和贴片头

单横梁单头——横梁在基础框架上沿 Y 轴运动,贴片头在横梁上沿 X 轴运动,电路板上基准点的识别及元件的吸取、识别、校正和贴装都由一个贴片头完成。

单横梁双头——在单个横梁的两边都装有贴片头,前面的贴片头在前面的送料器吸取和贴装元器件,后面的贴片头在后面的送料器吸取和贴装元器件。一般来说,在单横梁两侧所安装的贴片头的功能、元件范围及精度不完全相同,以便整个机器有更高的灵活性和更大的元件范围。

双横梁双头——机器的基础框架上装有两个横梁,每个横梁上分别装有一个贴片头。当电路板进入工作平台,前贴片头在进行基准带识别时,后贴片头可以先吸料;当前贴片头开始吸料时,后贴片头就可以先贴装元件。双横梁结构也可以安装两个功能不一样的贴片头,使得整个机器有更高的灵活性和更大的元件范围。

有的拱架式贴片机采用横梁在机器的基础框架上沿 X 轴运动,贴片头在横梁上沿 Y 轴运动。元件的识别相机安装在 Y 横梁上,当贴片头的各吸嘴吸取完元件后,经过元件识别相机的上方时即可识别和校正。

② 贴片头系统。传统的拱架式结构的贴片头有单吸嘴结构和多吸嘴并列结构。单吸嘴贴片头在一个贴装循环中只能贴装一个元件,贴装的相对精度较高。多吸嘴并列贴片头有 $2 \sim 12$ 个并列平行的吸嘴贴装轴,在一个贴装循环中可以吸取、校正和贴装多个元件,从而可以提高贴装的速度。

在多吸嘴并列结构的贴片头中,吸嘴与吸嘴之间的距离和送料器各轨道之间的距离相同,在使用相同的送料器时,多个吸嘴能够同时下降到送料器的高度来同时吸料,这样可以提高吸料的速度。

由于贴片元件的大小不一,而贴片头上贴装轴的数量有限,因此在拱架式贴片机上一般都有一个专门的吸嘴储藏机构,供贴片头在需要时进行吸嘴更换,以便贴片头采用合适的吸嘴来吸取和贴装元件。

③ 元件识别系统。一般拱架式结构贴片机的元件识别相机安装在电路板传送轨道的旁边,贴片的步骤为:吸料→在固定照相机上识别校正→贴装,这也叫一个贴装循环。有的贴片头上配备有头上移动照相机,对于较小的物料可以实现吸料→在移动中同时照相校正→贴装,从而减少元件校正时间,提高了贴装速度。

元件在识别时可以采用不同的灯光和强度,如前光、侧光、背光等。拱架式结构的元件在上视相机识别时对于元件大小超过相机的一个视野的元件可以采用多视野识别。

④ 元件供料系统。拱架式结构贴片机可以接纳不同形式元件包装的送料器,如卷带装、管装、托盘装和散料盒装。有的卷带装送料器为电动送料器,不需要机械推动或者气动,送料器内置驱动电动机,并且可以调整送料器步进的跨距,可以减少备用送料器的数量。拱架式多功能贴片机还可以接纳立式插件元件送料器及倒装芯片送料器等异型送料器。

(2) 转塔型贴片机

元件送料器放于一个单坐标移动的料车上,基板放于一个 X-Y 坐标系统移动的工作台上,贴片头安装在一个转塔上,工作时,料车将元件送料器移动到取料位置,贴片头上的真空吸料嘴在取料位置取元件,经转塔转动到贴片位置(与取料位置成 $180°$),在转动过程中经过对元件位置与方向的调整,将元件贴放于基板上,结构如图 4-22 所示。

对元件位置与方向的调整方法如下所述。

① 机械对位调整位置、吸嘴旋转调整方向,这种方法能达到的精度有限,较晚的机型

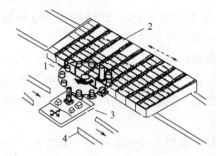

图 4-22　转塔型贴片机结构
1—旋转头；2—运动供料器；
3—运动 PCB；4—PCB 传送器

已不再采用。

②相机识别、X-Y 坐标系统调整位置、吸嘴自旋转调整方向，相机固定，贴片头飞行划过相机上空，进行成像识别。

一般情况下，转塔上安装有十几到二十几个贴片头，每个贴片头上安装 2～4 个真空吸嘴（较早机型）或 5～6 个真空吸嘴（现在机型）。由于转塔的特点，将动作细微化，选换吸嘴、送料器移动到位、取元件、元件识别、角度调整、工作台移动（包含位置调整）、贴放元件等动作都可以在同一时间周期内完成，所以能实现真正意义上的高速度。目前最快的时间周期达到 0.08～0.10s/片。

此机型在速度上是优越的，适于大批量生产，但其只能用带状包装的元件，如果是密脚、大型的集成电路，只有托盘包装则无法完成，因此还有赖于其他机型的共同合作。这种设备结构复杂，造价昂贵，最新机型约为 50 万美元，是拱架型的三倍以上。

（3）复合型贴片机

复合型贴片机是从拱架型贴片机发展而来的，它集合了转塔型贴片机和拱架型贴片机的特点，如图 4-23 所示。在动臂上安装有转盘，又称为"闪电头"，如图 4-24 所示，可实现每小时 60000 片的贴片速度。严格意义上说，复合式机器仍属于动臂式结构。由于复合式机器可通过增加动臂数量来提高速度，具有较大的灵活性，因此它的发展前景被普遍看好。

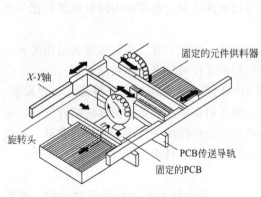

图 4-23　复合型贴片机的结构

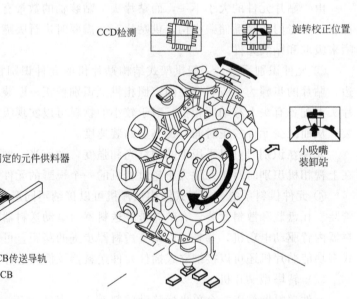

图 4-24　复合型贴片机的贴片过程

（4）大型平行系统

大型平行系统（又称模组机）使用一系列小的、单独的贴装单元（也称为模组），如图 4-25 所示，每个单元有自己的丝杆位置系统，安装有相机和贴片头。每个贴片头可吸取有限的带式送料器，贴装 PCB 的一部分，PCB 以固定的间隔时间在机器内步步推进。各单元机器单独运行的速度较慢，可是，它们连续地或平行地运行会有很高的产量。如 Assembleon 公司的 AX-5 机器最多可有 20 个贴片头，实现了每小时 15 万片的贴装速度，但就每个贴片头而言，贴装速度为每小时 7500 片左右，仍有大幅度提高的可能，这种机型主要适用于规模化生产。

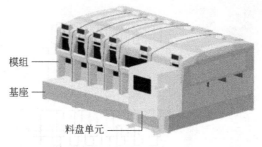

图 4-25　大型平行系统

4.2.2.4　按价格分类

按价格分类，可分为低档贴片机、中档贴片机和高档贴片机。低档贴片机价格从几万美元到十万美元，中档贴片机价格为 10 万～20 万美元，高档贴片机价格则高于 20 万美元。

4.2.2.5　综合分类

若综合各种情况，则可将贴片机分为小型机、中型机和大型机。一般小型机只能容纳 15 个 SMC/SMD 料架，结构一般为台式，能自动或手动送料，贴片速度为低速；中型机能容纳 20～30 个料架，贴片速度有低速也有中速；大型贴片机能容纳 50 个以上的 SMC/SMD 料架，贴片速度有中速也有高速。

4.2.3　贴片机的工艺特性

精度、速度和适应性是贴片机三个最重要的特性。精度决定了贴片机能贴装的元器件种类和它能适用的领域。精度低的贴片机只能贴装 SMC 和极少数的 SMD，适用于消费类电子产品领域用的电路组装；而精度高的贴片机，能贴装 SOIC 和 QFP 等多引线、细间距器件，适用于产业电子设备和军用电子装备领域的电路组装。速度决定了贴片机的生产效率和能力。适应性决定了贴片机能贴装的元器件类型和满足各种不同的贴装要求。适应性差的贴片机只能满足单一品种电路组件的贴装要求，当对多品种电路组件组装时，就需要增加专用贴片机才行。目前的高档贴片机在上述三项性能上都有很高的指标。

4.2.3.1　精度

精度是贴片机技术规格中的主要数据指标之一，不同的贴片机制造厂家所使用的精度有不同的定义。一般来说，贴片的精度应包含三个项目：贴装精度，分辨率，重复精度。

① 贴装精度。贴装精度表示元器件相对于 PCB 上标定位置的贴装偏差大小，被定义为贴装元器件端子偏离标定位置最大值的综合位置误差。影响贴装精度的因素主要有两种，即平移误差和旋转误差，如图 4-26 所示。

平移误差（元器件中心的偏离）主要来自 X-Y 定位系统的不精确性，它包括位移、定标和轴线正交等误差。旋转误差产生的主要原因是元器件对位机构不够精确和贴装工具存在旋转误差。定量地说，贴装 SMC 要求精度达到 ±0.01mm，贴装高密度、窄间距的 SMD 要求精度至少达到 ±0.06mm。

② 分辨率。分辨率描述贴片机分辨空间连续点的能力。贴片机的分辨率由定位驱动电机和轴驱动机构上的旋转或线性位置检测装置的分辨率来决定。当坐标轴被编程并运行到特

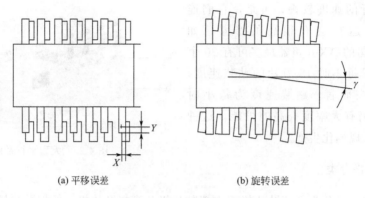

(a) 平移误差　　　　　　　　　　(b) 旋转误差

图 4-26　贴装精度的误差

定点时，实际上到达了能被分辨的距目标位置最近的点，这就使贴片机的定位点与实际目标产生量化误差，它应小于贴片机的分辨率，最大可为贴片机分辨率的 1/2。分辨率还可以简单地描述为是机器运行的最小增量的一种度量，在衡量机器本身的运动精度时，它是重要的性能指标。

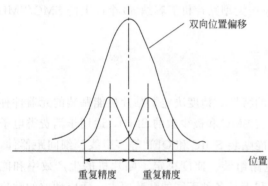

图 4-27　贴片机的重复精度

③ 重复精度。重复精度描述贴装工具重复地返回标定点的能力。在给重复精度下定义时，常采用双向重复精度这个概念，一般定义为：在一系列试验中，从两个方向接近任何给定点时离开平均值的偏差，如图 4-27 所示。

4.2.3.2　贴片速度

通常，贴片机制造厂家在理想条件下测算出的贴片速度，与使用时的实际贴装速度有一定差距。一般可以采用以下几种定义描述贴片机的贴装速度。

① 贴装周期。它是表示贴装速度的最基本的参数，指完成一个贴装过程所用的时间。贴装周期包括从拾取元器件、元器件定心、检测、贴放和返回到拾取元器件位置的全部行程。

② 贴装率。贴装率是在贴片机的技术规范中所规定的主要技术参数，它是贴片机制造厂家在理想条件下测算出的贴装速度，是指在一小时内完成的贴装周期数。在测算贴装率时，一般采用 12 个连续的 8mm 编带供料器，所用的 PCB 上的焊盘图形是专门设计的。测算时，先测出贴片机在 50～250mm 的 PCB 上贴装均匀分布的 150 只片式元件的时间，然后计算出贴装一只元件的平均时间，最后计算出一小时贴装的元件数，即贴装率。

③ 生产量。理论上可以根据贴装率计算每班生产量，然而实际的生产量与计算所得到的值有很大差别，这是因为实际的生产量受到多种因素的影响。影响生产量的主要因素有：PCB 装载/卸载时间；多品种生产时停机更换供料器或重新调整 PCB 位置的时间；供料架的末端到贴装位置的行程长度；元器件类型；PCB 设计水平差、元器件不符合技术规范带来的调整和重贴等不可预测性停机时间。

由于上述种种因素，使得实际的贴装率和生产量与机器技术规范中所规定的指标存在很大差别。因此，贴片机技术规范中所给的贴装率仅仅是一个可供参考的数据。

4.2.3.3　适应性

适应性是贴片机适应不同贴装要求的能力。贴片机的适应性包括以下几方面内容。

（1）能贴装元器件的类型

贴装元器件类型广泛的贴片机比仅能贴装 SMC 或少量 SMD 类型的贴片机适应性好。影响贴片机贴装元器件类型的主要因素是贴装精度、贴装工具、定心机构与元器件的相容性，以及贴片机能容纳的供料器的数目和种类。有些贴片机只能容纳有限的供料器，而有些贴片机能容纳大多数或全部类型的供料器，并且能容纳的供料器的数目也比较多，显然，后者比前者的适应性好。贴片机上供料器的容纳量通常用能装到贴片机上的 8mm 编带供料器的最多个数表示。

（2）贴片机的调整

当贴片机从组装一种类型的 PCB 转换成组装另一种类型的 PCB 时，需要进行贴片机的再编程、供料器的更换、PCB 传送机构和定位工作台的调整、贴片头的调整/更换等调整工作。

① 进行贴片机的编程。贴片机常用人工示教编程和计算机编程两种编程方法。低档贴片机常采用人工示教编程，较高档的贴片机都采用计算机编程。

② 供料器的更换。为了减少更换供料器所花费的时间，最普遍的方法是采用"快释放"供料器，更快的方法是更换供料器架，使每一种 PCB 类型上的元器件的供料器都装到单独的供料器架上，以便更换。

③ PCB 传送机构和定位工作台的调整。当更换的 PCB 尺寸与当前贴装的 PCB 尺寸不同时，需要调整 PCB 定位工作台和输送 PCB 的传送机构的宽度。自动贴片机可在程序控制下自动进行调整，较低档的贴片机可手工调整。

④ 贴片头的调整/更换。当在 PCB 上要贴装的元器件类型超过一个贴片头的贴装范围时，或当更换 PCB 类型时，往往需要更换或调整贴片头。多数贴片机能在程序控制下自动进行更换/调整工序，而低档贴片机则用人工进行这种更换和调整操作。

4.2.4　贴装的影响因素

SMD 在 PCB 上的贴装准确度取决于许多因素，包括 PCB 的设计加工、SMD 的封装形式、贴片机传动系统的定位偏差等，前两者涉及器件入口检验和 PCB 设计制造的质量控制，后者显然与贴片机的性能相关。

（1）贴片机 X-Y 轴传动系统的结构

与贴片机贴装有关的机构除了 PCB 定位承载装置外，器件贴装 X、Y、Z 及 θ 轴向传动系统是关键的基础部件。传动形式影响贴装系统的性能。如当所有运动都集中在贴片头时，一般可以获得最高的贴装精度，因为这种情况下只有两个传送机构影响 X-Y 定位误差。而当贴片头和 PCB 都运动时，贴片头和 PCB 工作台机构的运动误差相重叠，导致总误差增加，贴装精度下降。采用 PCB 工作台移动的贴片机，为了实现较高的贴装率，PCB 工作台必须快速移动，其加速度可以达到 $10 \sim 30 \mathrm{m/s^2}$。这种情况下，由于大型元器件的惯性，会使已贴好的大型器件移位，导致故障，所以在贴装这类器件时，应降低 PCB 工件台的运动速度和加速度，为此，精度和速度的选择经常需要考虑折中的方案。

（2）X-Y 坐标轴向平移传动误差

开环状态下驱动电机产生一个精确进给量，在贴片头/PCB 承载平台上的任何一个点的运动将随之有六个自由度的误差：X、Y、Z 轴向运动及绕 X、Y、Z 轴的转动。假定一个驱动电机给予 X 轴向的传动运动，不难发现测试点不仅在 X 轴向运动存在误差，而且在其他五个轴向同样存在误差。这些误差的幅度取决于导轨的非线性、两导轨的非平行性、驱动机构与线性电机的非线性及测试点到电机驱动点的距离。

测试点在平台上选择不同的位置，其运动轨迹的误差幅度是不同的。在实际传动系统中，Y 轴运动轨迹的非线性度是由许多原因造成的，包括：丝杆间距的变动、齿距的变化、旋转编码器的非线性度及线性同步电机的非线性度等。由于传动系统结构的设计安装无法做到精美无缺，要实现单一轴向的运动是极为困难的，大多数贴片机制造厂在竭尽全力将这些多轴向因素造成传动系统的运动误差对贴装精度的影响降到最低程度。

（3）X-Y 位移检测装置误差

贴片机 X-Y 位移检测装置及时将传动部件的位移量检测出来并反馈给控制系统，高精度贴片机的定位精度很大程度上取决于它。

贴片机上常用的位移传感器主要有：旋转编码器、磁性尺和光栅尺。

旋转编码器是通过直接编码将被测线性位移量转换成二进制形式的数字量的装置。其优点是结构简单，抗干扰性强，测量精度为 $1\%\sim5\%$，在通用型贴片机中最为常用。

磁性尺是利用电磁特性和录磁原理对位移进行测量的装置。其优点是复制简单，安装调整方便，稳定性高，量程范围大，测量精度为 $1\sim5\mu m$。

光栅尺是一种新型数字式位移检测装置，测量精度达 $0.1\sim1\mu m$。

（4）真空吸嘴 Z 轴运动对器件贴装偏差的影响

由于供料器仓位中存放的器件位置未能准确定义，又加上器件几何尺寸的不一致，使得吸嘴吸持器件后，器件中心与真空吸嘴轴线偏离，若不进行对位校准，势必会对器件贴装准确度造成影响。

贴片头机械结构的设计局限性使得真空吸嘴在 Z 轴方向的运动一般都不完善，运动冲程的轻微倾斜或转动，造成吸嘴顶端不能完全垂直于印制板的安装面。此时必须精确校准 Z 轴冲程的误差，对 X、Y、θ 轴传动伺服系统进行修正。

供料器仓内的器件排列取向往往并不是贴装时所需的方向，因此在器件吸持后，真空吸嘴随带器件有一个旋转动作，器件中心与吸嘴旋转轴的中心重合是随机的。因此，必须测量器件的 X、Y、θ 轴与吸嘴旋转轴中心的偏差值，或精确校准吸嘴旋转轴与 PCB 安装面交切点，保证对器件的贴装位置、排列方向参数进行修正。

（5）贴装区平面的精度对误差的影响

贴片机的贴装区范围内，器件贴装的准确度应一致。为获得这种一致性，有些贴片机制造厂采用测绘贴装区台面的传动坐标精度偏差分布，统计每个网格交点定义器件样本的数量，测量其相对于网格的坐标位置，在贴片机的最大贴装区建偏差表，并采取补偿措施的方法。这种方法可减少由于机械零部件的缺陷对 PCB 承载平台、贴片头传动精度的分布影响，但并不能减少随机的机械变动或伺服系统不稳定性及数码转化的量值误差。

另一种较有效的方法是使用激光干涉仪测量每个传动轴的坐标运动位置，伺服系统驱动各传动轴平移到网格的每个测试点，测量时应尽可能接近 PCB 安装面的贴装位置，这样才能达到最大的测量精度。激光干涉仪具有亚微米的分辨率，在器件贴装时，对每个传动轴的偏差补偿，其定位精度偏差可小于 $10\mu m$。

（6）贴片机的结构可靠性

贴片机的传动机构在高速运转时，由于各种原因造成力的不平衡，都会引起振动，使得定位精度降低，加快机械传动机构的磨损，缩短使用寿命。一台抗振性强的贴片机与其结构的刚度密切相关。除此以外，贴片机的安装条件也是一个重要因素，因为地基代表贴片机末端条件（边界条件），其刚度或阻尼的任何变化或多或少地影响到贴片机发生振动的趋势。贴片机安装在橡皮垫上，系统的共振频率最小，而振幅最大；安装在水泥地基上时情况较好，这是由于地基的阻尼和刚度不同。对于同样的安装基础，地脚螺钉的配置和紧固状态也会影响贴片机的动态刚度。

（7）贴装速度对贴装准确度的影响

较高的贴装速度会损失贴装准确度，大尺寸器件贴装时，大多数贴片机会降低贴装速度，以保证贴装的准确性。片式器件要求的准确度相对较低，可以在高速条件下进行贴装。片式器件贴装偏差的增加往往是由于贴片机贴装速度和视觉检测误差复合造成的。

4.2.5　贴片程序的编辑

一个完整的贴片程序应包括以下几个方面。

① 元器件贴片数据。简而言之，元器件贴片数据就是指定贴放在 PCB 上的元器件位置、角度、型号等。贴片数据有元器件型号、位号、X 坐标、Y 坐标、放置角度等，坐标原点一般取在 PCB 的左下角。

② 基准数据。包括基准点、坐标、颜色、亮度、搜索区域等。在贴片周期开始之前，贴片头上的俯视摄像机会首先搜索基准，发现基准之后，摄像机读取其坐标位置，并送到贴装系统微处理机进行分析，如果有误差，经计算机发出指令，由贴装系统控制执行部件移动，从而使 PCB 精确定位。基准点应至少有两个，以保证 PCB 的精确定位。

③ 元器件数据库。库中有元器件尺寸、引脚数、引脚间距和对应吸嘴类型等。

④ 供料器排列数据。供料器排列数据指定每种元器件所选用的供料器及在贴片机供料平台上的放置位置。

⑤ PCB 数据。PCB 数据包括设定 PCB 的尺寸、厚度、拼板数据等。

不同厂家、不同型号的贴片机的软件编程方法是不一样的，特别是高速和高精度贴片机的程序编制更为复杂，制约条件也更多，在这里就不详细介绍了。

4.3　贴片机抛料原因分析及对策

贴片胶使用过程中不可回避的难题就是抛料。抛料是指贴片机从供料器上吸取元器件贴片到指定位置过程中，产生丢件，包括不能从喂料器上准确吸取元件。

新贴片机在较长时间内能够保持极低的抛料率，一般在万分之几到千分之几的范围，但随着设备生产期的增长，加之没有进行科学系统的设备维护，设备的运动部件出现磨损、气路堆积油污或堵塞、执行机构工作异常等，则会造成抛料率急剧升高。抛料率升高不仅会造成生产效率降低、生产成本增加，更重要的是影响产品质量和产品一致性。所以对抛料成因进行分析和解决非常重要。

4.3.1　抛料发生位置

抛料一般发生在以下三个位置：抛料盒内、喂料器附近位置、电路板上非指定位置或电路板以外区域。

（1）抛料盒内

产生要因：来料问题、元件识别问题、编程问题、吸嘴或真空控制问题、贴片头问题。元件来料是否存在外观尺寸一致性和表面平整性不好，编程程序中输入元器件尺寸与来料是否相符，外观尺寸公差是否合适。吸嘴或真空控制出现问题会导致贴片头吸取元件后反馈错误信号，致使贴片头将料抛到抛料盒里。贴片头问题主要是角度马达及控制器工作异常，器件旋转角度错误或角度编码信号错误。

（2）喂料器附近位置

产生要因：来料问题、喂料器问题、吸嘴问题、位置问题、真空问题、贴片头问题等，还有可能是位置问题。元件来料是否存在料带粘料、表面平整性不好、元件移动位置过大等问题，喂料器是否正确入位、步进调整是否正确、喂料器工作是否正常等，吸嘴问题主要检查安装是否良好、是否存在磨损或堵塞、是否存在裂纹漏气等，位置问题主要是吸取高度不对或吸取不在中心位置，真空问题要检查贴片机滤芯是否满足使用要求、气路是否存在脏污现象、真空值是否满足设备要求、真空发生器工作是否正常、真空传感器检测是否正常，贴片头问题主要是检查贴片头 Z 轴控制装置是否异常。

（3）电路板上非指定位置或电路板以外区域

产生要因：吸嘴问题、真空回路问题、PCB 基准点问题、贴片头和伺服控制系统问题。吸嘴如出现磨损、破裂、堵塞等会造成真空值不足，造成贴片头快速运动时元件跑飞，产生抛料。真空回路存在油污、漏气或堵塞同样也会造成真空值不足。PCB 基准点问题主要是电路板上 MARK 点尺寸输入不正确或 MARK 点坐标输入错误，造成器件贴偏或其他位置，这种问题因偏离值相同，较为规律，容易判断和解决。贴片头 Z 轴控制高度装置、检测传感器、电磁阀或连接导线出现异常问题会造成吸不起料、吸不稳料、贴料位置错误等问题。

综合以上分析，结合实际现场因素，按照人、机、料、环、法五要素对抛料原因进行分类分析，贴片机常见抛料原因分析鱼骨图如图 4-28 所示。

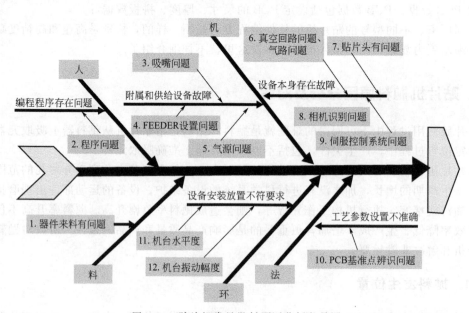

图 4-28　贴片机常见抛料原因分析鱼骨图

4.3.2　抛料产生的厚因及对策

贴片机抛料原因复杂多样，抛料产生的原因及对策如表 4-2 所示。

表 4-2　抛料产生的原因及对策表

序号	抛料要因	对　策
1	器件来料有问题	检查物料否存在料带粘料、元器件外观尺寸一致性和表面平整度是否符合公差要求，元件移动位置过大（尤其是管装物料）
2	程序问题	检查编程程序和 Component Database 中输入元器件尺寸公差，判断输入元器件尺寸与物料是否相符，外观尺寸公差是否合适
3	吸嘴问题	检查吸嘴是否存在裂纹、漏气、缺陷、吸料端面磨损、气路堵塞等，安装是否正确，吸嘴实际型号与 Beam 设置是否相符，是否存在松动、转动
4	供料器问题	检查供料器是否正确安装、步进进程是否准确、是否存在工作异常，如发现供料器工作异常，则使用供料器校准设备进行校准测试或检修
5	气源问题	检查气压稳定性、气流量是否符合使用要求，如不满足则进行整改
6	气路问题、真空回路问题	检查贴片机滤芯是否满足使用要求、气路是否存在脏污现象；检查真空值是否满足设备要求、真空发生器工作是否正常、真空传感器检测是否正常
7	贴片头、伺服控制系统有问题	检查贴片头 Z 轴控制高度装置是否正常、检测传感器工作是否正常、电磁阀或连接导线是否正常，可使用专用校准设备进行校准测试
8	相机识别问题	检查相机表面是否洁净、是否有杂物或外界光源对器件成像相机造成干扰或影响
9	PCB 基准点辨识问题	确认电路板上 Mark 点尺寸和坐标输入是否正确、实际测量并上机检查 Mark 点是否偏出设定值
10	机台水平度、机台振动幅度	使用专业工具检测贴片机台水平度、机台振动幅度是否符合安装要求

第5章

焊　接

表面组装过程中使用的焊接技术主要包括波峰焊技术、再流焊技术以及选择性波峰焊技术。

5.1　波峰焊

波峰焊（Wave Soldering）技术主要用于传统通孔插装印制电路板的组装工艺，以及表面组装与通孔插装元器件的混装工艺。波峰焊接与手工焊接相比，具有生产效率高、焊接质量好、可靠性高等优点。

5.1.1　波峰焊的原理及分类

5.1.1.1　波峰焊的原理

波峰焊技术是由早期的热浸焊（Hot Dip Soldering）技术发展而来的。热浸焊是把整块插好电子元器件的PCB与焊料面平行地浸入熔融的焊料缸中，使元器件引线、PCB铜箔进

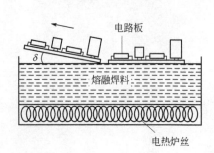

图 5-1　热浸焊

行焊接的流动焊接方法。如图5-1所示，PCB组件按传送方向浸入熔融焊料中，停留一定时间，然后再离开焊料缸，进行适当冷却，有时焊料缸还做上下运动。热浸焊时，高温焊料大面积暴露在空气中，容易发生氧化，每焊接一次，必须刮去表面的氧化物和焊剂残留物，因而焊料消耗量大。热浸焊必须正确把握PCB浸入焊料中的深度，过深时，焊料漫溢至PCB上面，会造成报废；深度不足时，则会发生大量漏焊的情况。

另外，PCB翘曲不平也易造成局部漏焊。PCB热浸焊后，需用快速旋转的专用设备（称为平头机或切脚机）剪切掉元器件引线的余长，只留下2～8mm长度以检查焊接头的质量，然后进行第二次焊接。第一次焊接与切余长后，焊接质量难以保证，必须用第二次焊接来补充完善，第二次焊接一般采用波峰焊。

波峰焊机是在热浸焊机的基础上发展起来的自动焊接设备，两者最主要的区别在于设备的焊锡槽。波峰焊是利用焊锡槽内的机械式或电磁式离心泵，将熔融焊料压向喷嘴，形成一股向上平稳喷涌的焊料波峰，并源源不断地从喷嘴中溢出。装有元器件的印制电

路板以直线平面运动的方式通过焊料波峰，在焊接面上形成浸润焊点而完成焊接。如图 5-2 所示是波峰焊机的焊锡槽示意图。波峰焊接适宜成批、大量地焊接一面装有分立元件和集成电路的印制电路板。凡与焊接质量有关的重要因素，如焊料与焊剂的化学成分、焊接温度、速度、时间等，在波峰焊机上均能得到比较完善的控制。如图 5-3 所示是波峰焊机的外观图。

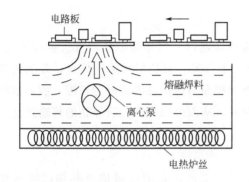

图 5-2　波峰焊机的焊锡槽示意图

图 5-3　波峰焊机的外观图

传统插装元件的波峰焊工艺基本流程如图 5-4 所示，包括准备、元器件插装、波峰焊和清洗等工序。

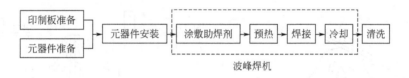

图 5-4　波峰焊工艺基本流程

5.1.1.2　波峰焊的分类

（1）单波峰焊

单波峰焊是借助焊料泵把熔融状焊料不断垂直向上地朝狭长出口涌出，形成 20～40mm 高的波峰。熔融的焊料以一定的速度与压力作用于 PCB 上，充分渗透进入待焊接的元器件引线与电路板之间，使之完全湿润并进行焊接，如图 5-5 所示。它与热浸焊相比，可明显减少漏焊的比例。由于焊料波峰的柔性，即使 PCB 不够平整，只要翘曲度在 3％以下，仍可得到良好的焊接质量。

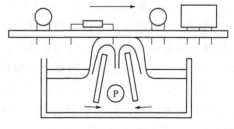

图 5-5　单波峰焊示意图

采用一般的波峰焊机焊接 SMT 电路板时，有两个技术难点。

① 气泡遮蔽效应。在焊接过程中，助焊剂受热挥发所产生的气泡不易排出，遮蔽在焊点上，可能造成焊料无法接触焊接面而形成漏焊。

② 阴影效应。在双面混装的焊接工艺中，印制电路板在焊料熔液的波峰上通过时，较高的 SMT 元器件对它后面或相邻的较矮的 SMT 元器件周围的死角产生阻挡，形成阴影区，使焊料无法在焊接面上漫流而导致漏焊或焊接不良。

为克服这些 SMT 焊接缺陷，除了采用再流焊等焊接方法以外，已经研制出许多新型或改进型的波峰焊设备，有效地排除了原有的缺陷，创造出空心波、紊乱波、双波峰组合波等新的波峰形式。

（2）斜坡式波峰焊

这种波峰焊机和一般波峰焊机的区别，在于传送导轨以一定角度的斜坡方式进行传输，如图 5-6 所示。斜坡式波峰焊接有利于焊点内的助焊剂挥发，避免形成夹气焊点，并能让多余的焊锡流下来。斜坡式波峰焊接还增加了电路板焊接面与焊锡波峰接触的长度，假如电路板以同样速度通过波峰，等效增加了焊点浸润的时间，从而可以提高传送导轨的传输速度和焊接效率。

（3）高波峰焊

高波峰焊机适用于通孔插装元器件"长脚插焊"工艺，它的焊锡槽及其锡波喷嘴如图 5-7所示。其特点是，焊料离心泵的功率比较大，从喷嘴中喷出的锡波高度比较高，并且其高度 h 可以调节，保证元器件的引脚从锡波里顺利通过。一般地，在高波峰焊机的后面配置自动剪腿机，用来剪短元器件的引脚。

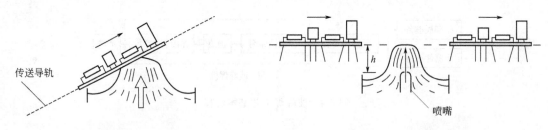

图 5-6　斜坡式波峰焊示意图　　　　　　　图 5-7　高波峰焊示意图

（4）空心波峰焊

空心波是在熔融的铅锡焊料的喷嘴出口设置了指针形调节杆，让焊料熔液从喷嘴两边对称的窄缝中均匀地喷流出来，使两个波峰的中部形成一个空心的区域，并且两边焊料熔液喷流的方向相反，如图 5-8 所示。由于空心波的伯努利效应（Bernoulli Effect）是一种流体动力学效应，它的波峰不会将元器件推离基板，相反会使元器件贴向基板。空心波的波形结构可以从不同方向消除元器件的阴影效应，有极强的填充死角、消除桥连的效果。由于两个波峰中部的空心区域的存在，助焊剂很容易挥发，也减少了气泡遮蔽效应，减少了 PCB 板吸收的热量，降低了元器件损坏的概率。空心波峰焊能够焊接 SMT 元器件和引线元器件混合装配的印制电路板，特别适合焊接极小的元器件，即使是在焊盘间距为 0.2mm 的高密度 PCB 上，也不会产生桥连。

（5）紊乱波峰焊

用一块多孔的平板去替换空心波喷口的指针形调节杆，就可以获得由若干个小子波构成的紊乱波，如图 5-9 所示。看起来像平面涌泉似的紊乱波，能很好地克服普通波峰焊的气泡遮蔽效应和阴影效应。

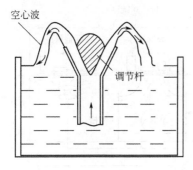

图 5-8　空心波峰焊示意图

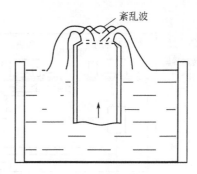

图 5-9　紊乱波峰焊示意图

（6）宽平波峰焊

在焊料的喷嘴出口处安装扩展器，熔融的铅锡熔液从倾斜的喷嘴喷流出来，形成偏向宽平波（也叫片波），如图 5-10 所示。逆着 PCB 板前进方向的宽平波的流速较大，对电路板有很好的擦洗作用；在设置扩展器的一侧，熔液的波面宽而平，流速较小，起到修整焊接面、消除桥连和拉尖、丰满焊点轮廓的效果。

（7）双波峰焊

双波峰焊机是 SMT 时代发展起来的改进型波峰焊设备，特别适合焊接那些 THT＋SMT 混合元器件的电路板。双波峰焊机的焊料波形如图 5-11 所示，电路板的焊接面要经过两个熔融的铅锡焊料形成的波峰，这两个焊料波峰的形式不同，最常见的波形组合是紊乱波＋宽平波。

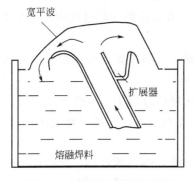

图 5-10　宽平波峰焊示意图

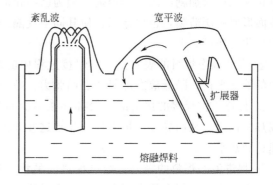

图 5-11　双波峰焊示意图

第一个焊料波是紊乱波，使焊料打到 PCB 板底面所有的焊盘、元器件焊端和引脚上，熔融的焊料在经过助焊剂净化的金属表面上进行浸润和扩散，然后 PCB 板的底面通过第二个熔融的焊料波，第二个焊料波是宽平波，宽平波将引脚及焊端之间的桥连分开，并将去除拉尖等焊接缺陷，修整焊接表面，得到理想的焊点。

5.1.2　波峰焊机

5.1.2.1　波峰焊机组成

一般的波峰焊机如图 5-12 所示，由助焊剂涂敷系统、预热系统、焊料波峰发生器、传输系统、冷却系统和控制系统等几部分组成。

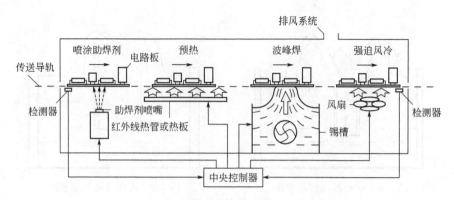

图 5-12　波峰焊机的内部结构示意图

（1）助焊剂涂敷系统

1）助焊剂在波峰焊中的作用

① 除去被焊金属表面的锈膜。被焊金属表面的锈膜通常不溶于任何溶液，但是这些锈膜与某些材料发生化学反应，生成能溶于液态助焊剂的化合物，就可除去锈膜，达到净化被焊金属表面的目的。这种化学反应可以是使助焊剂与锈膜生成溶于助焊剂或助焊剂溶剂的另一种化合物，也可以是把金属锈膜还原为纯净金属表面的化学反应。属于第一种化学反应的助焊剂主要以松香基助焊剂为代表，作为第二种化学反应的例子是某些具有还原性的气体。例如，氢气在高温下能还原金属表面的氧化物，生成水并恢复纯净的金属表面。

② 防止加热过程中被焊金属的二次氧化。波峰焊接时，随着温度的升高，金属表面的再氧化现象也会加剧，因此助焊剂必须为已净化的金属表面提供保护，即助焊剂应在整个金属表面形成一层薄膜，包住金属，使其同空气隔绝，达到在焊接的加热过程中防止被焊金属二次氧化的作用。

③ 降低液态焊料的表面张力。焊接过程中的助焊剂，能够以促进焊料漫流的方式影响表面的能量平衡，降低液态焊料的表面张力，减小接触角。

④ 传热。被焊接的接头部一般都存在不少间隙，在焊接过程中，这些间隙中的空气起着隔热的作用，从而导致传热不良。如果这些间隙被助焊剂填充满，则可加速热量的传递，迅速达到热平衡。

⑤ 促进液态焊料的漫流。经过预热的黏状助焊剂与波峰焊料接触后，活性剧增，黏度急剧下降，而在被焊金属表面形成第二次漫流，并迅速在被焊金属表面铺展开来。助焊剂二次漫流过程所形成的漫流作用力，附加在液态焊料上，从而拖动了液态金属的漫流过程，如图 5-13 所示。

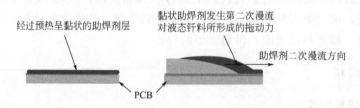

图 5-13　助焊剂二次漫流对液态焊料的拖动作用

助焊剂涂敷系统将助焊剂自动而高效地涂敷到 PCB 的被焊面上，利用焊剂破除氧化层，将松散的氧化层从金属表面移去，使焊料和基体金属直接接触。

2）常用的助焊剂涂敷方式

常用的助焊剂涂敷方式分为泡沫波峰涂敷法、喷雾涂敷法、刷涂涂敷法、浸涂涂敷法和喷流涂敷法等。这里重点介绍泡沫涂敷法及喷雾涂敷法。

① 泡沫涂敷装置一般由助焊剂槽、喷嘴和浸入助焊剂中的多孔发泡管等组成。发泡管应浸入助焊剂中，距离液面约 50mm 左右，当在多孔管内送入一定压力的纯净空气后，在喷嘴上方形成稳定的助焊剂泡沫流。PCB 通过该泡沫波峰峰顶，从而在 PCB 焊接面上涂敷了一层厚度均匀且可控的助焊剂层。在这种装置中，助焊剂的密度控制非常重要，助焊剂泡沫波峰形成的质量在很大程度上取决于助焊剂的密度、气体的压力和位于发泡管上面的助焊剂液面高度。

② 喷雾涂敷法分为直接喷雾法、旋转喷雾法和超声喷雾法。直接喷雾法也称喷涂法，仅适用于涂敷低固体含量的液态助焊剂。直接喷雾涂敷系统通常由助焊剂储存罐、喷雾头、气流调节器等组成。旋转喷雾法又称旋网喷雾法，主要采用由不锈钢或其他耐助焊剂腐蚀材料制成的旋转筛的一部分浸入助焊剂容器中，在浸入部分的网眼中充满了助焊剂。当 PCB 采取长插方式时，此法最适宜。元器件引线伸出 PCB 板面的高度可以达到 5cm，而泡沫波峰涂敷方式，引线露出 PCB 板面的高度通常限制在 1.5cm 以下。旋转喷雾系统通常由助焊剂槽、旋转筛网、开槽不锈钢管、气流调节器等组成。粘在旋转筛网孔里的助焊剂与不锈钢圆筒顶部开槽处喷出的高速气流相遇便在 PCB 下表面和元器件区域形成涂敷。超声喷雾法是利用超声能的空化作用，将液态助焊剂变成雾化状而涂敷到 PCB 的焊接面上。各种喷雾方式的特性比较如表 5-1 所示。

表 5-1　各种喷雾方式的特性比较

喷雾方式 / 特性	超声喷雾	旋转喷雾	直接喷雾
喷涂量	少	较多	较多
涂敷均匀性	好	较好	一般
波峰焊后残留物	极微	微	微
所需气压、气量的大小	小	大	大
雾粒粗细/μm	<50	10～150	30～100
PCB 夹送速度/(m/min)	0.6～1.5	0～4	0.6～4
所需附件	最少	少	多
助焊剂消耗量	最少	稍多	多
维修	较复杂	易	复杂

3）对助焊剂涂敷系统的技术要求

① 涂敷的厚度适宜，无多余的助焊剂流淌；防止滴落在预热器上，引起火灾危险；防止留下多余的形成残渣，给后期 PCB 的清洗带来负担。

② 涂敷层应均匀，对被焊接面覆盖完整。

③ 发泡管及喷射嘴不得有堵塞现象，气压足够，为达到良好的效果，其助焊剂必须比重适宜，固体含量低（3％左右），且无水分，否则将影响焊接质量。

（2）预热系统

1）预热系统的作用

① 助焊剂中的溶剂成分在通过预热器时，将会受热挥发，从而避免溶剂成分在经过液面时高温气化造成炸裂的现象发生，最终防止产生锡粒的品质隐患。

② 待浸锡产品搭载的部品在通过预热器时缓慢升温，可避免过波峰时因骤热产生的物理作用造成部品损伤的情况发生。

③ 预热后的引脚或端子在经过波峰时不会因自身温度较低的因素大幅度降低焊点的焊接温度，从而确保焊接在规定的时间内达到温度要求。

2）普遍采用的预热处理形式

① 强迫对流。强迫热空气对流是一种有效且均匀的预热方式，它尤其适合于水基助焊剂。这是因为它能够提供所要求的温度和空气容量，可以将水分蒸发掉。

② 石英灯。石英灯是一种短波长红外线加热源，它能够做到快速地实现任何所要求的预热温度设置。

③ 加热棒。加热棒的热量由具有较长波长的红外线热源提供。它们通常用于实现单一恒定的温度，这是因为它们实现温度变化的速度较为缓慢。这种较长波长的红外线能够很好地渗透入印制电路板的材料中，以实现较快时间的加热。

3）对预热系统的技术要求

① 温度调节范围宽，一般要求在室温至250℃范围内可调，以满足各种类型的助焊剂的活化温度要求。

② 应有一定的预热长度，以确保PCB在活化温度下保持足够的时间。

③ 不应有可见的明火，避免助焊剂滴落在发热元件上燃烧起火，引起火灾。

④ 对助焊剂涂敷系统正常工作的干扰及造成的热影响最小。

⑤ 耐冲击、耐震动、可靠性高、维修简单。

PCB板预热温度和时间要根据PCB板的大小、厚度、元器件的大小及贴装元器件的多少来确定。预热温度在90～130℃（PCB表面温度），多层板及有较多贴装元器件时预热温度取上限，不同PCB类型和组装形式的预热温度参考表5-2。参考时一定要结合组装板的具体情况，做工艺试验或试焊后进行设置，有条件时可测实时温度曲线。预热时间由传送带速度来控制。如预热温度偏低或预热时间过短，焊剂中的溶剂挥发不充分，焊接时产生气体引起气孔、锡球等焊接缺陷，解决办法是提高预热温度或降低传送带速度；如预热温度偏高或预热时间过长，焊剂被提前分解，使焊剂失去活性，同样会引起毛刺、桥连等焊接缺陷，解决办法是降低预热温度或提高传送带速度。要恰当控制预热温度和时间，最佳的预热温度是在波峰焊前涂敷在PCB底面的焊剂带有黏性。

表5-2　预热温度参考表

PCB 类型	组装形式	预热温度/℃
单面板	纯 THC 或 THC 与表面组装元器件混装	90～100
双面板	纯 THC	90～110
双面板	THC 与 SMD 混装	100～110
多层板	纯 THC	110～125
多层板	THC 与 SMD 混装	110～130

（3）焊料波峰发生器

焊料波峰发生器的作用是产生波峰焊工艺所要求的特定的焊料波峰。它是决定波峰焊质量的核心，也是整个系统最具特征的核心部件。焊料波峰发生器分为机械泵式和液态金属电磁泵式两类。

机械泵式目前应用较广的是离心泵式和轴流泵式。离心泵式是由一台电动机带动泵叶，利用旋转泵叶的离心力而驱使液态焊料流体流向泵腔，在压力作用的驱动下，流入泵腔的液态焊料经整流结构整流后，呈层流态向喷嘴流出而形成焊料波峰。焊料槽中的焊料绝大多数是采取从泵叶旋轴中心部的下底面吸入泵腔内。轴流泵式与离心泵式的不同之处就在于对液态焊料的推进形式不一样，它是利用特种形状的螺旋桨的旋转而产生轴向推力，迫使流体沿轴向流动。轴流泵式焊料波峰发生器也是目前工业上应用较多的一种结构形式。

液态金属电磁泵式是一种根据电磁流体力学理论而设计的泵，分为传导式和感应式两大类。感应式液态金属电磁泵是利用液态金属中的电流和磁场的相互作用，将电磁推力直接作用在液态金属上。液态金属电磁泵式焊料波峰发生器的分类如图 5-14 所示。

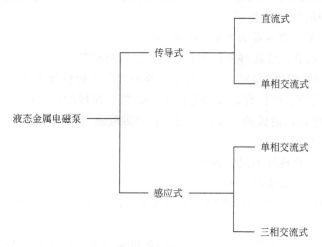

图 5-14　液态金属电磁泵式焊料波峰发生器的分类

（4）传输系统

传输系统是一条安放在滚轴上的金属传送机械爪系统，它支撑着印制电路板，使其移动着通过波峰焊区域，印制电路板组件通过金属机械爪给予支撑。金属机械爪链之间的宽度能够进行调整，以满足不同尺寸类型的印制电路板需求，或者按特殊规格尺寸进行制造。

1）传动部分的组成

主要由支架、链条、链爪、电动机、传动齿轮、调幅机构、支架高度调节机构等组成。其中，调幅机构由固定导轨、可调移动导轨、调节轮、传动链条、传动齿轮、调节螺纹轴、导向轴、伞形齿轮和指定螺丝等组成。

2）传动部分的主要功能

① 完成产品输送动作。

② 实现机种切换时导轨（链爪）跨距的改变。

③ 改变产品浸锡时与波峰面的角度。

3）传动部分的主要技术要求及其对波峰焊的影响

① 支架水平度。支架是传动部分搭载的基础，其水平精度直接决定了固定导轨与移动导轨是否水平，从而保证在锡槽波峰平滑的状态下，链爪输送的产品能以同样的深度浸过液面，防止局部未浸锡、冒锡现象的发生。

② 固定导轨及可调移动导轨间的平行度。产品从投入锡炉后，其两侧链爪对其施加的力在经过整个锡炉的过程中应该保持一致，否则将会出现夹坏产品（前松后紧）及掉落基板（前紧后松）的现象发生，从而造成产品报废，严重时将会导致安全事故及设备事故的发生。

③ 链爪底部卡槽的直线度。因为产品在锡炉中需完成锡水涂布、充分预热、一次浸锡、二次浸锡、冷却等过程，整个循环链条的长度一般单侧都在 3m 左右，而链爪是一个一个固定在传动链条上的，从而组成两条平行移动的输送线，完成产品的输送动作。基板就夹在两侧链爪底部的卡槽上，如果链爪变形或倾斜破坏卡槽直线度的话，将会造成产品倾斜，过波峰时基板的浸锡深度不一，从而造成冒锡、未浸锡的现象发生，严重时将会出现部品端子挂住锡槽、停止不前、掉基板、溢锡等重大事故的发生。

以上三个参数的精确度，直接影响到浸锡效果的稳定。因此，作为设备操作人员及维护人员，在日常操作及维护过程中，也必须把它们作为工作重点予以关注。

4）对传输系统的技术要求

① 传动平稳，无抖动和震动现象，噪声小。

② 传送速度可调节，传送倾角范围在 4°~8° 之间可调节。

③ 金属机械爪化学性能稳定，在助焊剂和高温液态焊料反复作用下不熔不蚀、不沾锡、不和助焊剂起化学反应、弹性好、夹持力稳定。如果在焊接的过程中发现金属机械爪沾锡，通常是因为锡波温度偏低造成的，提高锡波的设置温度就可解决（通常提高 5℃ 即可）。

④ 装卸方便，维修容易。

⑤ 结构紧凑，对整机外形尺寸影响小。

⑥ 热稳定性好，不易变形。

⑦ 可以很方便地根据 PCB 的不同宽度调节夹持的宽度。

（5）冷却系统

① 冷却系统的作用。设置冷却系统的目的是迅速驱散经过焊料波峰区积累在 PCB 上的余热。常见的结构形式有风机式和风幕式。

② 对冷却系统的技术要求。

•风压应适当，过猛易扰动尚未完全形成固态的焊点。

•气流应定向，应不至于焊料槽表面剧烈散热。

•最好能提供先温风后冷风的逐渐冷却模式。急剧冷却将导致产生较大的热应力而损害元器件及电路板等，而且易在焊点内形成空洞。

（6）控制系统

1）控制系统的作用

利用计算机对全机各工位、各组件之间的信息流进行综合处理，对系统的工艺进行协调和控制。这样不仅降低了成本，缩短了研制和更新换代的周期，而且还可以通过硬件软化设计技术，简化系统结构，使得整机可靠性大幅提高，操作维修简便，人机界面友好。

2）对控制系统的基本要求

① 控制动作准确可靠。

② 能充分体现和反映波峰焊工艺的规范要求。

③ 人机界面友好，便于操作。

④ 安全措施完善，容错功能强。

⑤ 电路简单，可操作性和可维修性好。

⑥ 成本低，维修配件货源广。

⑦ 能充分体现现代控制技术的进步和发展。

5.1.2.2　波峰焊机工艺调试步骤

实际工作中，波峰焊机的工艺调试工作分为五个阶段。

第一是准备阶段，在焊接前首先要对印制电路板进行全方位检查，将已经发生变形或受潮的印制电路板筛选出来。再对筛选后的印制电路板进一步检查，将其中元件损伤或丢失的印制电路板废弃，由于元件十分细小，因此在检查工程中要更加仔细。

第二阶段是调试阶段，要将波峰焊机启动，并确保所有功能都已设置完成，同时还要对传送带宽度进行适当调整。

第三阶段是设置参数，对于不同的波峰焊机，要根据不同的规定调节传送带速度。对于焊剂流量来说，要保证印制电路板被全部覆盖。同时还要明确是全局喷雾还是局部喷雾。为了避免上述问题的产生，在操作卡上增设应控要点以及相应的注意事项：焊料应当加在焊盘上，不能直接添加到端子引脚处。对于预热的温度控制，要按照预热区产生的具体情况确定温度。对于波峰高度来说，一定要将印制电路板的底面控制在低于波峰的表面。

第四阶段是焊接并检验首件，相关参数设置完毕后，将印制电路板放置在传送带上，促进波峰焊机可以更好进行冷却和预热等工作。在这一阶段中要严格对印制电路板进行监测，当印制电路板出现不合格状况时要及时调整焊接过程中的相关参数。

第五阶段是工艺操作控制阶段，工作人员首先要对操作记录进行完整翔实的填写，并2h一次确认锡槽中的高度，定期补充锡条或锡丝，以保证锡槽中锡的液面高度。对印制电路板质量进行实时检查，一旦出现问题，及时做出相应调整，严格控制焊料，适当进行稀释和除杂处理，对波峰喷嘴要经常维护清洁。

5.1.2.3　波峰焊机工作中常见的问题及处理

（1）助焊剂涂敷系统异常

1）检查助焊剂管

助焊剂管路采用的管较长，一端安装有一个吸嘴放入助焊剂瓶中，另一端插入喷头上的助焊剂喷涂孔中。故障检查时，首先要看它有无破裂，若完好无损，就把它从孔中拔出，反接到吹付空气孔中，开动手动喷雾按键，若助焊剂瓶中有气泡冒出，说明此管是好的；若无气泡冒出，则说明该管已阻塞或管端吸嘴已阻塞，此时需查此管尾部（插入助焊剂瓶中的那端）的吸嘴上是否有阻塞物，并用细刷刷其表面，使其畅通，吸嘴起过滤作用，若助焊剂清澈无杂质，先可将其暂时去掉，继续排查。

2）检查喷头

助焊剂涂敷系统正常情况下喷头通过压缩气体将助焊剂雾化成一定形状，以圆形或椭圆形喷出，均匀地喷涂于经过的线路板底部，形成一层约 0.03mill 厚的助焊剂薄膜，喷嘴不工作时，喷枪针阀密闭，使助焊剂与空气隔离，减少助焊剂的挥发，当链条上的线路板运行到喷嘴附近时，喷嘴自动喷雾。椭圆形喷雾对 PCB 焊孔的穿透力不强，但其喷雾均匀面积大，而圆形喷雾穿透力强，能浸润到 1/2 甚至 2/3 的焊孔，这时焊接质量高。在焊接前期，不要急于安装喷头到轴上，而应先把目测完好的三根细管插到喷头上的对应的正确孔中，把喷嘴对向排风口，按下手动喷雾键，助焊剂就会以某种形状喷出，此时需转动喷头上的调节阀，不时改变其喷雾形状，这样可使喷嘴更加畅通，来回数次调节后使喷雾形状保持为圆形，这时将喷头安装到轴上，就可顺利焊接。喷头运行不畅有以下几种情况。

① 喷头只有气喷出，没有助焊剂。解决方案：先看有无气压，将气压调到相应位置，拔下喷头上的助焊剂接头，看有无助焊剂流出，如果管内有空气，应将空气排出，将喷头底盖拧松。

② 启动时喷头有气喷出，移动一两个来回才喷出助焊剂或停止喷助焊剂。解决方案：将喷头底盖拧下，弹簧拿出，用钳子拔出顶针，在顶针皮圈上加黄油，装回去即可。

③ 喷出的雾状是扁的，不成圆形或椭圆形。解决方案：用毛刷蘸稀释剂或酒精刷一刷喷头帽，或摘下喷头帽清洗一下上面的小孔（在生产时最好一小时刷一次）。

④ 启动瞬间喷出大量助焊剂，喷两下有气进入助焊剂管内，造成助焊剂喷不出来。解决方案：一种情况是喷头帽没拧紧将其拧紧或喷头嘴松了，用专用扳手拧紧喷头嘴，千万不能用钳子钳，否则喷头帽就拧不上了；另一种情况是喷头使用时间长了，严重腐蚀，喷头内部助焊剂管与气管相通，停止时助焊剂进入气管，启动时空气压力大，进入助焊剂管，此时要更换喷头了。

在焊接过程中需随时注意观察喷雾情况，可用手指放到喷嘴上方去感知是否有助焊剂喷出，也可借助手电光去观察，以便随时发现异常并及时处理。以免生产出大量焊点不合格的 PCB。

（2）传输系统异常

焊接时在喷雾或焊接轨道上，有线路板被卡或掉入锡槽的现象发生。解决方案：迅速停机，检查轨道宽度是否比线路板宽度过紧或过松，另在喷雾轨道上，喷嘴正上方，有一个可灵活调节的压板夹，是防止过轻的线路板被喷出的助焊剂喷掉落，所以注意应在前期就把压板夹调节好。

（3）预热系统异常

预热温度异常，焊接温度过低，造成线路板的焊点拉尖；温度过高，会造成线路板烧糊、铜线断裂，后果严重。解决方案：先检查预热温度参数是否正确和加热管有无损坏，然后检查线路和固态继电器是否正常。

（4）工作环境异常

在焊接过程中，出现烟大、味大，严重威胁工作人员的身体健康，需及时排查原因。首先检查排气扇是否打开，若排气扇正常运转，然后检查排风系统是否运行良好，可点燃一支烟放在排风口，烟缕被吸走，说明排风系统运行良好；若没反应，烟缕散开了，说明雾化后的助焊剂残留物已阻塞了排风系统，造成排风不畅，需进行排风系统清洗了。

5.1.2.4 波峰焊机的维护与保养

波峰焊机的日常维护多以助焊剂涂敷系统、焊料波峰发生器、预热系统为主。

助焊剂涂敷系统维护保养：第一，开机前应用蘸有酒精的无尘布清洁助焊剂喷头，去除残留的助焊剂，防止因喷头堵塞影响助焊剂喷涂的稳定性；第二，当设备连续作业超过一年，或设备停用一周以上，需要彻底保养；第三，定期检查助焊剂喷涂模块中各管路及密封器件，避免因器件松动造成信号紊乱。

　　焊料波峰发生器是波峰焊机中较复杂的一部分，最重要的是要保证焊锡的液面高度恰当，并定期清理锡炉中的锡渣，清理过程人员需注意安全，避免被烫伤。

　　预热系统应注意设备开机前的检查，查看预热玻璃是否完好，若有异物附着，需要及时清理，若玻璃有裂痕，则应立即更换。另外热电偶是该模块基础，应检查热电偶是否损坏以及测试温度是否正确，若有问题，应及时更换热电偶。

　　除此以外波峰焊机中的变压器在运行过程中会产生大量热量，因此在焊接设备中要加装具有散热功能的排风扇。同时为了防止设备过热造成变压器损坏，应在设备中增设过热保护装置，当温度超过规定数值后，会自动停止作业。

　　在波峰焊机长期使用过程中，会产生很多金属碎屑吸附于设备中，影响设备整体散热效果，因此，工作人员应当定期使用吹尘枪对其进行清理，并定期使用液体黄油进行润滑。

5.1.3　波峰焊中合金化过程

　　波峰焊中，PCB 通过波峰时其热作用过程大致可分为三个区域，如图 5-15 所示。

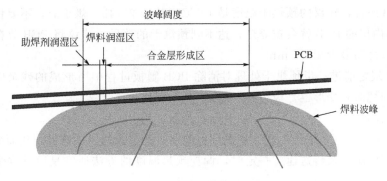

图 5-15　波峰焊热作用过程

　　（1）助焊剂润湿区

　　涂敷在 PCB 面上的助焊剂，经过预热区的预热，一旦接触焊料波峰后温度骤升，助焊剂迅速在基体金属表面上润湿，受高温的剧烈激活，释放出最大的化学活性，迅速净化被焊金属表面。此过程大约只需 0.1s 的时间即可完成。

　　（2）焊料润湿区

　　经过助焊剂净化的基体表面，在基体金属表面吸附力的作用和助焊剂的拖动下，焊料迅速在基体金属表面上漫流开来。一旦达到焊料的润湿温度后，润湿过程便立即发生。此过程通常只需 0.001s 即可完成。

　　（3）合金层形成区

　　焊料在基体金属上发生润湿后，扩散过程便紧随其后发生。由于生成最适宜厚度的合金层（3.5μm 左右）需要经历一段时间过程，因此，润湿发生后还必须有足够的保温时间，以获得所需要厚度的合金层。通常该时间为 2～5s。保温时间之所以要取一个范围，主要是被焊金属热容量的大小不同。热容量大的，升温速率慢，获得合适厚度的合金层的时间自然就得长一些；而热容小的，升温速率快，合金层的生成速度也要快些，因而保温时间就可以取得短些。对一般元器件来说，该时间优选为 3～4s。

5.1.4 波峰焊的工艺

5.1.4.1 插装元器件的波峰焊工艺

（1）上机前的烘干处理

为了消除在制造过程中就隐蔽于 PCB 内残余的溶剂和水分，特别是在焊接中当 PCB 上出现气泡时，建议对 PCB 板进行上线前的预烘干处理，预烘干的温度和时间可参见表 5-3。

表 5-3 PCB 板上线前的烘干温度

烘干设备	温度/℃	时间/h
循环干燥箱	107～120	1～2
	70～80	3～4
真空干燥箱	50～55	1.5～2.5

表 5-3 中所列温度和时间，对 1.5mm 以下的薄 PCB 可选用较低的温度和较短的时间，而对多层 PCB 而言，建议的预烘干温度是 105℃，持续 2～4h。烘干时，不要将电路板叠放在一起，否则内层的 PCB 就会被隔热，达不到预烘干的效果。建议将 PCB 放在一个对流炉内，每块 PCB 之间最少相距 3mm。

PCB 在上线之前进一步预烘干处理对消除 PCB 制板过程中所形成的残余应力，减少波峰焊时 PCB 的翘曲和变形也是极为有利的。

（2）预热温度

预热温度是随时间、电源电压、周围环境温度、季节及通风状态的变化而变化的。当加热器和 PCB 间的距离及传送速度一定时，调控预热温度的方法通常是通过改变加热器的加热功率来实现。

如表 5-4 所示为我国电子工业标准 SJ/T 10534—94 给出的预热温度（是指在 PCB 焊接面上的温度）。

表 5-4 我国电子工业标准 SJ/T 10534—94 给出的 PCB 预热温度

PCB 种类	温度/℃
单面板	80～90
双面板	100～120
四层以下的多层板	105～120
四层以上的多层板	110～130

（3）焊接温度

为了使熔化的焊料具有良好的流动性和润湿性，较佳的焊接温度应高于焊料的熔点温度 20℃以上。

（4）传送速度

由于波峰焊接路线长度一定，焊接时间可以通过传送速度反映出来。波峰焊中最佳传送速度的确定，要根据具体的生产效率要求、PCB 基板和元件的热容量、预热温度等综合因素，通过工艺测试来确定。

（5）传送倾角

目前公认较好的传送倾角范围为 4°～6°，可以通过调节波峰焊机传输系统的传送倾角来实现。

5.1.4.2　表面组装元器件的波峰焊技术

（1）表面组装元器件波峰焊工艺的特殊问题

在表面组装元器件波峰焊中，波峰焊设备中的焊料波峰发生器在技术上必须进行更新设计，方可适合表面组装元器件波峰焊的需要。表面组装元器件波峰焊工艺既有与传统的通孔插装元器件波峰焊工艺共性的方面，也有其特殊之处。最大的不同在于表面组装元器件波峰焊属于浸入方式，这种浸入式波峰焊工艺带来了下述新问题。

① 由于存在气泡遮蔽效应及阴影效应，易造成局部跳焊。

② 表面组装元器件的组装密度越来越高，元器件间的距离越来越小，故极易产生桥连。

③ 易产生拉尖缺陷。

④ 对元器件热冲击大。

⑤ 焊料中溶入杂质的机会多，焊料易污染。

（2）表面组装元器件的焊接特性和安装设计中应注意的事项

① 表面组装元器件的焊接特性。对各类表面组装元器件的焊接可查阅相关的产品技术手册。例如，碳膜或金属膜电阻类的耐热性好，能确保在引线端子上进行电路合金处理时不发生熔蚀现象，能很好地适应各种焊接方式（波峰焊和再流焊）。陶瓷电容器类不能接受急热、急冷及局部加热，所以在焊接时注意一定要先预热，焊后要缓慢冷却，波峰焊温度控制在 240～250℃，时间 3～4s 为宜。薄膜电容器类标准波峰焊的条件为：预热温度≤150℃，时间＜3min；焊接温度≤250℃，时间＜5min；焊后要保持 2min 的缓慢冷却时间。半导体管类标准波峰焊的条件为：预热温度 130～150℃，时间 1～3min；焊接温度 240～260℃，时间 3～10s；焊后要保持 2min 的缓慢冷却时间。SOP-IC 类标准波峰焊接的条件为：预热温度＜150℃，时间 1～3min；焊接温度＜260℃，时间 3～4s。

② 贴片胶的选择。用于表面组装元器件波峰焊的贴片胶，必须考虑由于贴片胶在波峰焊料中受热产生气体，如无法排除而附留在焊点附近，会阻碍液态焊料与基体金属表面的接触，或贴片胶粘到了 PCB 的焊盘上，造成焊点空焊、脱落等现象，因此，所用贴片胶必须能耐受焊接时的热冲击，并在高温下拥有足够的胶黏力，而且浸入波峰焊料后不产生气体。除此之外，还应适当控制固化及预热条件，这对减少波峰焊时的气体产生量也是有显著效果的。

表面组装元器件波峰焊中常用的贴片胶根据固化方式不同分为 UV 胶和一般性胶。UV 胶通常采用紫外线固化，其胶黏性与热升温速率有密切关系，通常约取 2℃/s，预热温度一般都在 180℃以下，时间约为 2.5～3min。在温度控制方面与 UV 胶稍有差异，热升温速率为 2℃/s，预热温度大约在 170℃以下，时间约为 2.5～3min。

（3）表面组装元器件波峰焊工艺要素的调整

① 助焊剂的涂敷。表面组装元器件波峰焊中，由于已安装了表面组装元器件的 PCB 表面上凹凸不平，这给助焊剂的均匀涂敷增加了困难。保持喷雾头的喷雾方向与 PCB 板面相垂直，是克服喷雾阴影效应的有效手段。

② 预热温度。表面组装元器件波峰焊中，预热温度不仅要考虑助焊剂所要求的激活温

度，而且还要考虑表面组装元器件本身所要求的预热温度。通常预热温度的选择原则是：使经过预热区后的表面组装元器件的温度与焊料波峰的温度之差≤100℃左右为宜。

③ 焊料、焊接温度和时间。由于表面组装元器件为浸入式波峰焊，焊料槽中的焊料工作时受污染的机会比通孔插装元器件波峰焊时要大得多，因此，要特别注意监视焊料槽中焊料的杂质含量。表面组装元器件波峰焊所采用的最高温度和焊接时间的选择原则是：除了要对焊缝提供热量外，还必须提供热量去加热元件，使其达到焊接温度。当使用较高的预热温度时，焊料槽的温度可以适当降低些，而焊接时间可酌情延长些。例如在250℃时，单波峰的最长浸渍时间或双波峰中总的浸渍时间之和约为5s，但在230℃时，最长时间可延至7.5s。

④ PCB传送速度与角度。在通孔插装元器件波峰焊中，较好的角度大约是4°~6°，而表面组装元器件的波峰焊接面一般不如通孔插装元器件的波峰焊接面平整，这是导致拉尖、桥连、漏焊的一个潜在因素。因此，表面组装元器件波峰焊中夹送角度选择宜稍大些，一般在6°~8°左右。传送速度的选择必须使第二波峰有足够的浸渍时间，以使较大的元器件能够吸收到足够的热量，从而达到预期的焊接效果。

⑤ 浸入深度。表面组装元器件波峰焊中PCB浸入波峰焊料的深度，第一波峰的深度要比较深，以获得较大的压力克服阴影效应，而通过喷口的时间要短，这样有利于剩余的助焊剂有足够的剂量供给第二波峰使用。

⑥ 冷却。在表面组装元器件波峰焊中，焊接后采用2min以上的缓慢冷却，这对减小因温度剧变所形成的应力，避免元器件损坏（特别是以陶瓷做基体或衬底的元器件的断裂现象）具有重要意义。

（4）典型的表面组装元器件波峰焊的温度曲线

如图5-16所示为典型表面组装元器件波峰焊的温度曲线图，从图中可以看出，整个焊接过程分为三个温度区域：预热、焊接和冷却。实际的焊接温度曲线可以通过对设备的控制

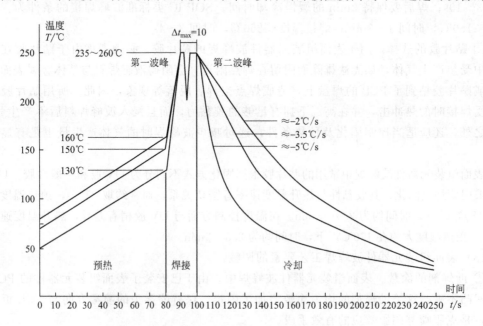

图 5-16　典型表面组装元器件波峰焊的温度曲线图

系统编程进行调整。

在预热区内，电路板上喷涂的助焊剂中的溶剂被挥发，可以减少焊接时产生的气体。同时，松香和活化剂开始分解活化，去除焊接面上的氧化层和其他污染物，并且防止金属表面在高温下再次氧化。印制电路板和元器件被充分预热，可以有效地避免焊接时急剧升温产生的热应力损坏。电路板的预热温度及时间，要根据 PCB 板的大小、厚度、元器件的尺寸和数量以及贴装元器件的多少来确定。在 PCB 表面测量的预热温度应该在 $90\sim130℃$ 之间，多层板或贴片较多时，预热温度取上限。预热时间由传送带的速度来控制。

焊接过程是金属、熔融焊料和空气等之间相互作用的复杂过程，同样必须控制好焊接温度和时间。如焊接温度偏低，则液体焊料的黏性大，不能很好地在金属表面浸润和扩散，就容易产生拉尖、桥连、焊点表面粗糙等缺陷；如焊接温度过高，则容易损坏元器件，还会由于焊剂被碳化失去活性，焊点氧化速度加快，产生焊点发乌、不饱满等问题。测量波峰表面温度，一般应该在 $(250\pm5)℃$ 的范围之内。因为热量、温度是时间的函数，在一定温度下，焊点和元件的受热量随时间而增加。波峰焊的焊接时间可以通过调整传送系统的速度来控制，传送带的速度，要根据不同波峰焊机的长度、预热温度、焊接温度等因素统筹考虑，进行调整。以每个焊点接触波峰的时间来表示焊接时间，一般焊接时间约为 $3\sim4s$。

5.1.5　波峰焊缺陷与分析

5.1.5.1　合格焊点

焊料必须与基板形成共结晶焊点，让焊料成为基层的一部分，故有如下要求。

① 在 PCB 焊接面上出现的焊点应为实心平顶的锥体；横切面的两外圆应呈现新月形的均匀弧状；通孔中的填锡应将零件均匀完整地包裹住。

② 焊点底部面积应与板子上的焊盘一致。

③ 焊点的锡柱爬升高度大约为零件脚在电路板面突出的 3/4，其最大高度不可超过圆形焊盘直径的一半或 80%（否则容易造成短路）。

④ 锡量的多少应以填满焊盘边缘及零件脚为宜，而焊接接触角度应趋近于零，接触角度越小越好，表示有良好的沾锡性。

⑤ 锡面应呈现光泽性，表面应平滑、均匀。

⑥ 对贯穿孔的 PCB 而言，焊锡应自焊锡面爬进孔中升至孔高度的三分之一到二分之一的位置。

满足以上 6 个条件的焊点即被称为合格焊点，如图 5-17 所示为合格焊点剖面图。

5.1.5.2　波峰焊常见缺陷

（1）润焊不良、虚焊

1）现象

锡料未全面或者没有均匀地包覆在被焊物表面，使焊接物表面金属裸露，如图 5-18 所示。润焊不良在焊接作业中是不能被接受的，它严重降低了焊点的"耐久性"和"延伸性"，同时也降低了焊点的"导电性"及"导热性"。

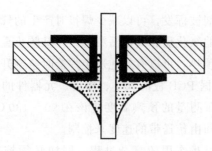
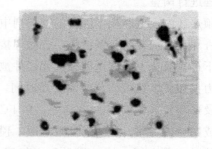

图 5-17　合格焊点剖面图　　　　　　　　图 5-18　润焊不良示例图

2）产生原因

① 元件焊端、引脚、PCB 板基板的焊盘氧化或被污染，PCB 受潮等。

② 元件端头金属电极附着力差或采用单层电极，在焊接温度下产生脱帽现象。

③ PCB 设计不合理，波峰焊时阴影效应造成漏焊。

④ PCB 翘曲，使 PCB 翘起位置与波峰焊接触不良。

⑤ 传送带两侧不平行（尤其使用 PCB 传输架时），使 PCB 与波峰接触不平行。

⑥ 波峰不平滑，波峰两侧高度不平行，尤其电磁泵波峰焊机的锡波喷口如果被氧化物堵塞时，会使波峰出现锯齿形，容易造成漏焊、虚焊。

⑦ 助焊剂活性差，造成润湿不良。

3）解决方法

① 元器件先到先用，不要存放在潮湿的环境中，不要超过规定的使用日期。对 PCB 进行清洗和去潮处理。

② 波峰焊应选择三层端头结构的表面组装元器件，元件本体和焊端能经受两次以上的260℃波峰焊的温度冲击。

③ 表面组装元器件采用波峰焊时，元器件布局和排布方向应遵循较小元件在前和尽量避免互相遮挡的原则。另外，还可以适当加长元件搭接后剩余焊盘的长度。

④ PCB 的翘曲度小于 $0.8\% \sim 1.0\%$。

⑤ 调整波峰焊机及传输带或 PCB 传输架的横向水平。

⑥ 清理喷嘴。

⑦ 更换助焊剂。

⑧ 设置恰当的预热温度。

（2）锡球

1）现象

PCB 表面出现球状焊料颗粒。

2）产生原因

① PCB 预热不够，导致表面的助焊剂未干。

② 助焊剂中含水量过高。

③ 工厂环境湿度过高。

3）解决方法

① 调整 PCB 预热时间和温度。具体可以降低传输系统的传送速度或提高预热温度，使得预热更加充分。

② 检查助焊剂涂敷系统，更换助焊剂。

③ 降低工厂环境湿度。

（3）冷焊

1）现象

冷焊是焊点凝固过程中，零件与 PCB 相互移动所形成的，如图 5-19 所示，这种相互移动的动作，影响锡铅合金的结晶过程，降低了整个合金的强度。当冷焊严重时，焊点表面甚至会有细微裂缝或断裂的情况发生。

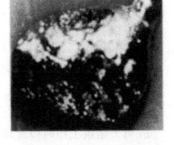

图 5-19　冷焊示例图

2）产生原因

① 输送轨道的皮带震动不平衡。

② 机械轴承或马达转动不平衡。

③ 抽风设备或电扇太强。

④ PCB 已经流过输送轨道出口，锡还未干。

3）解决方法

PCB 过锡后，保持输送轨道的平稳，让焊料合金固化的过程中，得到完美的结晶，即能解决冷焊的困扰。当冷焊发生时可用补焊的方式整修，若冷焊严重时，则可考虑重新过一次锡。

（4）焊料不足

1）现象

焊点干瘪、不完整、有空洞，插装孔及导通孔焊料不饱满，焊料未爬到元器件面的焊盘上。

2）产生原因

① PCB 预热和焊接温度过高，使焊料的黏度过低。

② 插装孔的孔径过大，焊料从孔中流出。

③ 金属化孔质量差或阻焊剂流入孔中。

④ PCB 传送倾角偏小，不利于焊剂排气。

3）解决方法

① 预热温度 90～130℃，元件较多时取上限，锡波温度（250±5）℃，焊接时间 3～5s。

② 插装孔的孔径比引脚直径大 0.15～0.4mm，细引线取下限，粗引线取上限。

③ 焊盘尺寸与引脚直径应匹配。

④ 设置 PCB 的传送倾角为 4°～6°。

（5）包锡

1）现象

包锡即焊料过多，焊点的四周被过多的锡包覆而不能断定其是否为标准焊点，如图 5-20 所示。

2）产生原因

① 焊接温度过低或传送带速度过快，使熔融焊料的黏度过大。

② PCB 预热温度过低，焊接时元件与 PCB 吸热，使实际焊接温度降低。

图 5-20　包锡示例图

③ 助焊剂的活性差或比重过小。

④ 焊盘、插装孔或引脚可焊性差，不能充分浸润，产生的气泡裹在焊点中。

⑤ 焊料中锡的比例减少，或焊料中杂质 Cu 的成分高，使焊料黏度增加，流动性变差。

⑥ 焊料残渣太多。

3）解决方法

① 锡波温度（250±5）℃，焊接时间 3～5s。

② 根据 PCB 尺寸、板层、元件多少、有无贴装元件等设置预热温度，PCB 底面温度在 90～130℃。

③ 更换焊剂或调整适当的比例。

④ 提高 PCB 的加工质量，元器件先到先用，不要存放在潮湿的环境中。

⑤ 锡的比例＜61.4％时，可适量添加一些纯锡，杂质过高时应更换焊料。

⑥ 每天结束工作时应清理残渣。

（6）冰柱

1）现象

冰柱是指焊点顶部呈冰柱状，如图 5-21 所示。

2）产生原因

① PCB 预热温度过低，使 PCB 与元器件温度偏低，焊接时元器件与 PCB 吸热。

② 焊接温度过低或传送带速度过快，使熔融焊料的黏度过大。

③ 电磁泵波峰焊机的波峰高度太高或引脚过长，使引脚底部不能与波峰接触。

④ 助焊剂活性差。

⑤ 焊接元件引线直径与插装孔比例不正确，插装孔过大，大焊盘吸热量大。

3）解决办法

① 根据 PCB 尺寸、板层、元件多少、有无贴装元件等设置预热温度，预热温度在 90～130℃。

② 锡波温度为（250±5）℃，焊接时间 3～5s。温度略低时，传送带速度应调慢一些。

③ 波峰高度一般控制在 PCB 厚度的 2/3 处。插装元件引脚成型要求引脚露出 PCB 焊接面 0.8～3mm。

④ 更换助焊剂。

⑤ 插装孔的孔径比引线直径大 0.15～0.4mm（细引线取下限，粗引线取上限）。

（7）桥连

1）现象

桥连是指将相邻的两个焊点连接在一块，如图 5-22 所示。

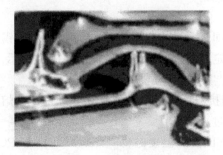

图 5-21　冰柱示例图

图 5-22　桥连示例图

2）产生原因

① PCB 设计不合理，焊盘间距过窄。

② 插装元件引脚不规则或插装歪斜，焊接前引脚之间已经接近或已经碰上。

③ PCB 预热温度过低，焊接时元件与 PCB 吸热，使实际焊接温度降低。

④ 焊接温度过低或传送带速度过快，使熔融焊料的黏度降低。

⑤ 助焊剂活性差。

3）解决办法

① 按照 PCB 设计规范进行设计。

② 插装元件引脚应根据 PCB 的孔距及装配要求成型。

③ 根据 PCB 尺寸、板层、元件多少、有无贴装元件等设置预热温度，PCB 底面温度在 $90 \sim 130 \, ℃$。

④ 锡波温度（250 ± 5）℃，焊接时间 $3 \sim 5s$。温度略低时，传送带速度应调慢些。

⑤ 更换助焊剂。

（8）其他缺陷

1）板面脏污

主要是由于助焊剂固体含量高、涂敷量过多、预热温度过高或过低，或由于传送机械爪太脏、焊料锅中氧化物及锡渣过多等原因造成的。

2）PCB 变形

一般发生在大尺寸 PCB 上，由于大尺寸 PCB 质量大或由于元器件布置不均匀造成质量不平衡。这需要 PCB 设计时尽量使元器件分布均匀，在大尺寸 PCB 中间设计工艺边。

3）掉片（丢片）

贴片胶质量差，或贴片胶固化温度不正确，固化温度过高或过低都会降低黏结强度，波峰焊时经不起高温冲击和波峰剪切力的作用，使贴装元件掉在料锅中。

4）其他隐性缺陷

焊点晶粒大小、焊点内部应力、焊点内部裂纹、焊点发脆、焊点强度差等，需要 X 光、焊点疲劳试验等检测。这些缺陷主要与焊接材料、PCB 焊盘的附着力、元器件焊端或引脚的可焊性及温度曲线等因素有关。

5.2　再流焊

再流焊又称回流焊，再流焊是预先在电路板的焊盘上涂敷适量的焊膏，再把 SMT 元器件贴放到相应的位置，焊膏具有一定的黏性可以暂时固定元器件，然后让贴装好元器件的电路板进入再流焊设备实施再流焊，通过外部热源加热，使焊膏熔化而再次流动浸润，冷却后将元器件焊接到 PCB 板上的焊接技术。再流焊是伴随微型化电子产品的出现而发展起来的焊接技术，主要用于各类表面组装元器件的焊接。

再流焊不仅工艺上有"自定位效应"（如果元器件贴放位置有一定偏离，再流焊的过程中，在熔融焊料表面张力的作用下偏离的元器件能够被自动地拉回到近似目标的位置）的特点，而且再流焊的操作方法简单、焊接质量优良、焊接效率高、节约成本，便于实现自动化生产。再流焊工艺目前已经成为表面组装元器件焊接的主要工艺方法。

5.2.1 再流焊温度曲线的设定及优化

5.2.1.1 再流焊温度曲线的设定

再流焊温度曲线是指 PCB 板上某一点通过再流焊机时，从进入再流焊机时的起始时间开始至通过再流焊机为止，该点的温度随着时间变化而发生变化的温度曲线。

通过再流焊温度曲线可以很直观的分析元器件在整个再流焊接过程中出现的各种问题，监控元器件在各个温区里的温度变化，以此保证焊接质量。再流焊机的参数设置是否合理，关系着焊接质量的好坏。再流焊温度曲线大体可以分为四个温区，依次是预热区、升温区（也叫保温区）、回流区（也叫再流区）、冷却区，再流焊温度曲线图如 5-23 所示。

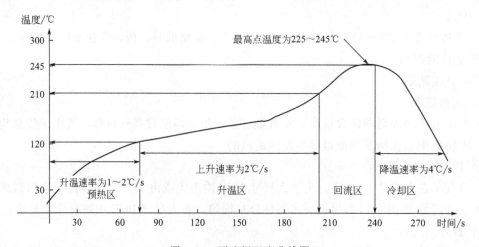

图 5-23　再流焊温度曲线图

（1）预热区

从室温升高至 120℃ 左右，升温时间 60~80s，目的是对电路板上所有元器件进行预热，以达到第二温区的温度。但是，在预热过程中升温速率应控制在适当的范围内，若升温速率太慢，焊膏中的水分不能尽快挥发，若升温速率太快，则电路板预热不够充分；因此升温区温度上升速率一般设置为 1~3℃/s。

（2）升温区

从 120℃ 升高至 210℃，升温时间 90~120s，目的是使电路板上大小不一的元器件的温度趋于相同，为下一步回流做准备。要使大大小小的元器件温度趋于一致。首先，加热时间应足够的长，使所有元器件受热均匀；其次，温度不能高于焊膏熔点温度，保证焊膏中的水分完全挥发。将升温区的温度控制在 120~210℃ 之间，上升速率低于 2℃/s，使电路板中每个点的温度趋于恒定，使电路板上所有元器件在进入回流焊接区之前温度趋于一致。在这一区域若设置时间过长或者稍短，焊接完成后容易出现虚焊、锡珠、气泡等现象，影响再流焊接质量。

（3）回流区

从 210℃ 升高至 245℃，回流时间 30~40s，目的是使电路板焊盘上的焊膏受热融合与元器件进行润湿，完成回流焊接。在此区域需要考虑一个重要因素，即助焊剂的作用，且助焊剂的助焊效率、黏度及表面张力都与温度有关。若回流焊接区温度设置过高，会产生一系列问题，比如电路板承受不住过高的温度被烧焦，元器件失去功能等等，若回流焊接区温度设置过低，则使助焊剂达不到助焊的效果，容易产生虚焊、生焊、桥连等现象。因此温度的设置应从电路板、元器件和助焊剂三方面加以考虑，设置的合理温度，且回流焊接区尖端曲线的峰值一般设置为 225～245℃，达到最高温度持续时间为 10s，超过焊膏熔点温度 183℃ 的持续时间为 20～30s 之间。

（4）冷却区

从 245℃ 迅速降至 75℃，降温时间 30～40s，目的是使电路板与焊料迅速冷却，从而使焊点标准美观，达到较高的机械强度。由于焊膏已经熔化并充分润湿完成焊接，此时应已尽快冷却，这样将有助于形成光亮的焊点且焊点成形佳。若冷却速率慢，将吸收空气中过多的水分，从而使焊点灰暗、粗糙。因此，冷却区降温速率一般设置在 3～10℃/s，冷却温度 75℃。

在实际生产中，由于各种电路板的组装密度、所能承受的最高温度及热特性不一定完全一样。应根据元器件特性、焊膏的成分、再流焊机的型号等因素，合理设置再流焊温度曲线，并经过反复测量，对比试验数据和试生产来确定温度曲线。

5.2.1.2　再流焊温度曲线测试

（1）热电偶的使用

热电偶是温度控制和达到工艺路线的必备工具，分为温区热电偶和曲线测试热电偶，温区热电偶位于不锈钢热风加热室，固定不动，曲线热电偶一般要求与 PCB 表面连接，否则会导致热电偶的测量值偏离 PCB 表面度，从而测试出不适合的温度曲线。另外热电偶的灵敏度应是较大的，需要热容小、尺寸细小的热电偶，否则将直接影响热电偶测量值的真实性。

（2）曲线测试

再流焊温度曲线的测试，一般采用能随电路板一同进入炉内的炉温测试仪进行测试，测试后将数据通过输出接口输入计算机，通过专用测试软件进行曲线数据分析处理，然后打印出温度曲线。测试注意事项如下。

① 测试点一般至少选取三点，能反映电路板组件上高、中、低温部位的温度变化。

② 再流炉开启后至少运行 30min 方可进行温度曲线的测试和生产。

③ 由于各个测试点的温度曲线会存在差异，所以要依据预热的温度时间、再流峰值温度、再流时间以及升降温速率等综合因素考虑对设备的调整。

④ 在设备变更、产品变更时，要重新进行温度曲线的测试。

（3）再流焊温度曲线的设定分析

温度曲线是施加于电路板上的温度对时间的函数，几个参数影响曲线的形状，其中最关键的是传送带速度和每个区的温度设定。传送带速度决定基板暴露在每个区所设定的温度下的持续时间，增加持续时间可以允许更多时间使 PCB 接近该区的温度设定。

决定每个区的温度设定，必须要了解实际的区间温度不一定就是该区的显示温度。显示温度只是该区内热敏电阻的温度，如果热电偶越靠近热源，显示的温度将比区间温度高，热电偶越靠近电路板的直接通道，显示的温度将越能反映区间温度。实际操作中要了解清楚显示温度与实际区间温度的关系。焊膏特性参数表也是必要的，其包含的信息对温度曲线至关重要，比如所希望的温度曲线持续时间、焊膏活性温度、合金熔点和所希望的再流最高温度。大多数焊膏都能用四个温区成功再流。当最后的曲线图基本能够与所希望的图形相吻合时，应该把炉的参数记录并储存以备后用。

5.2.1.3　再流焊温度曲线各个区段优化分析

（1）预热区温度与时间关系分析优化

该区的目标是在达到两个特定目的的同时。把板子从室温尽快地加热和提升。但快速加热不能快到造成板子或零件的损坏，也不应引起助焊剂溶剂的爆失。对大多数的助焊剂来说，这些溶剂不会迅速地挥发，因为它们必须有足够高的沸点来防止焊膏在印刷过程中变干。

通常电路板和元器件的加热速率为 $1\sim3℃/s$ 连续上升，如果过快，会产生热冲击，电路板和元器件都可能受损，如陶瓷电容的细微裂纹。而温度上升太慢，焊膏会感温过度，溶剂挥发不充分，影响焊接质量。通常零件制造商会推荐加热速率的极限值。一般都规定一个最大的值 $4℃/s$，以防止热应力造成的零件损坏。

（2）升温区温度与时间分析优化

该区最主要的目的是保证电路板上的全部元件在进入回流区之前达到相同的温度（即保温），电路板上的元件吸热能力通常有很大差别，有时需延长保温周期，但是太长的保温周期可能导致助焊剂的丧失，导致在焊接区器件与焊料无法充分的结合与润湿，减弱焊膏的上锡能力，太快的温度上升速率会导致溶剂的快速气化，可能引起吹孔、锡珠等缺陷。而过短的保温周期又无法使活性剂充分发挥功效，也可能造成整个电路板预热温度的不平衡，从而导致不沾锡、焊后断开、焊点空洞等缺陷，所以应根据电路板的设计情况及再流炉的对流加热能力来决定保温周期的长短及温度值。一般升温区的温度在 $120\sim210℃$ 之间，上升的速率低于 $2℃/s$，这个区的加热时间一般占整个温度曲线时间的 30% 至 50%。

（3）回流区温度与时间分析优化

该区是把电路板带入焊料合金粉末熔点之上，让焊料合金粉末微粒结合成一个锡球并使被焊金属表面充分润湿。结合和润湿是在助焊剂帮助下进行的，温度越高助焊剂效率越高，黏度及表面张力则随温度的升高而下降，这促使焊锡更快地湿润。但过高的温度可能使电路板承受热损伤，并可能引起铅锡粉末再氧化加速、焊膏残留物烧焦、电路板变色、元件失去功能等问题的产生。而过低的温度会使助焊剂效率低下，可能使焊料合金粉末处于非焊接状态而增加生焊、虚焊发生的概率，因此应通过反复实验找到理想的峰值与时间的最佳结合。在回流区曲线的峰值一般为 $225\sim245℃$，超过焊料合金熔点温度 $183℃$ 的持续时间应维持在 $20\sim30s$ 之间。这个区的加热速率一般为 $1.2\sim3.5℃/s$，加热时间一般占整个温度曲线时间的 30% 至 50%

（4）冷却区温度与时间分析优化

冷却区焊膏中的焊料合金粉末已经熔化并充分润湿了被焊接表面，快速度地冷却会得到明亮的焊点并有好的外形及低的接触角度。缓慢冷却会使板材熔于焊锡中而生成灰暗和毛糙的焊点，并可能引起沾锡不良以及减弱焊点结合力的问题。冷却区降温速率一般为 $3\sim10℃/s$，冷却至 $75℃$ 即可，此区冷却时间占整个温度曲线时间的 15% 左右。

5.2.2　再流焊机

5.2.2.1　再流焊机组成

再流焊机外观如图 5-24 所示，结构主体是一个热源受控的隧道式炉膛，如图 5-25 所示。沿传送系统的运动方向，设有若干独立控温的温区，通常设定为不同的温度，全热风对流再流焊炉一般采用上、下两层的双加热装置。电路板随传动机构直线匀速进入炉膛，顺序通过各个温区，完成焊点的焊接。再流焊机最少需要四个温区，目前市场上比较简易的再流焊机有六温区再流焊机，还有大型的八、十甚至十二温区的再流焊机，多温区的再流焊机控温更精确，更加符合理想的再流温度曲线，达到完美的焊接效果。通常再流焊机的一个温区长度约为 40cm，温区越多，再流焊机整体长度也越长。

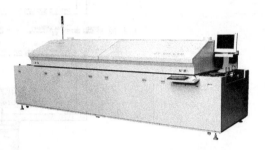

图 5-24　再流焊设备的外观

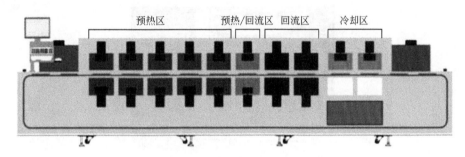

图 5-25　再流焊机结构

再流焊机主要由以下几大部分组成：顶盖升起系统、加热系统、传动系统、冷却系统、废气处理与回收装系统、控制系统、实时监控系统等。

（1）顶盖升起系统

上炉体可整体开启，便于炉膛清洁。动作时拨动上炉体升降开关，由马达带动升降杆完成，动作同时，蜂鸣器鸣叫提醒人注意。

（2）加热系统

全热风与红外加热是目前应用最为广泛的两种再流焊加热方式。

① 全热风再流焊机的加热系统　主要由热风马达、加热管、热电偶、固态继电器 SSR、温控模块等部分组成。再流焊机炉膛被划分成若干独立控温的温区，其中每个温区又分为上、下两个温区。每个温区的结构示意图如图 5-26 所示。温区内装有加热管，热风马达带动风轮转动，形成的热风通过特殊结构的风道，经整流板吹出，使热气均匀分布在温区内。

一般在整流板周边有开孔，作为进风口，同时整流板的中间分布着小开孔，作为出风口，热风从中间出风口吹出，以保证相邻温区之间不易串温，如图 5-27 所示。

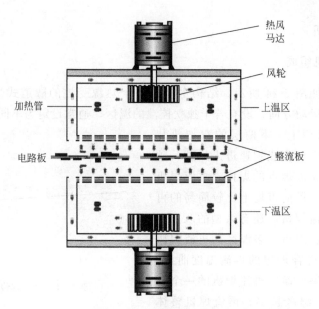

图 5-26 加热系统结构

图 5-27 进风口和出风口的位置

加热系统的控温主要通过调整加热丝的加热时间来实现。如图 5-28 所示为加热系统的控制流程示意图。

图 5-28 加热系统的控制流程示意图

每个温区均有热电偶，安装在整流板的风口位置，检测温区的温度，并把信号传递给控制系统中的温控模块；温控模块接收到信号后，实时进行数据运算处理，决定其输出端是否输出信号给固态继电器。

如图 5-29 所示，如果固态继电器 SSR 控制信号端 A2 接收到温控模块的输出信号，其开关端 L1、T1 导通，控制加热元件给温区加热；如

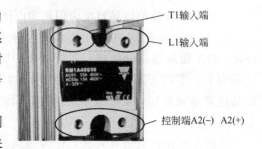

图 5-29 固态继电器

果固态继电器 SSR 控制信号端 A2 没有接收到温控模块的输出信号，其开关端 L1、T1 不导通，加热元件不给温区加热。

当热电偶的检测温度低于设定值时，温控模块将通过固态继电器控制加热元件给温区加热；否则，停止加热。

另外，炉体热风马达的转速快慢将直接改变单位面积内的热风流速，因此，风机速率也是影响温区内温度的重要因素。在热风再流焊中，风速的高低在某些 PCB 焊接中可作为一个可调节的工艺因素，风速调高会增强炉子的热传导能力，使温区内温度升高，但较强的风速也会导致小型元件的位置偏移和掉落炉腔内部。所以，要实现理想的温度控制状态，还需合理地设置马达风机速率。

② 红外再流焊机的加热系统　它的原理是热能通常有 80% 的能量以电磁波的形式——红外线向外发射，焊点受红外辐射后温度升高，从而完成焊接过程。如图 5-30 所示是红外再流焊机的结构示意图。红外再流焊炉通常每个温区均有上、下两个加热器，每块加热器都是优良的红外辐射体，而被焊接的对象，如 PCB 基材、焊膏中的有机助焊剂、元器件的塑料本体，均具有吸收红外线的能力，因此这些物质受到加热器热辐射后，其分子产生激烈振动，迅速升温到焊膏的熔化温度之上，焊料润湿焊区，从而完成焊接过程。

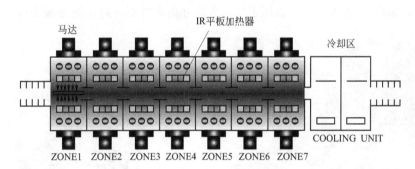

图 5-30　红外再流焊机的结构

红外线能使焊膏中的助焊剂及有机酸、卤化物迅速活化，焊剂的性能和作用得到充分的发挥，从而导致焊膏润湿能力提高；红外加热的辐射波长与 PCB 元器件的吸收波长相近，基板升温快，温差小；温度曲线控制方便，弹性好；红外加热器效率高，成本低。

但是也要看到，红外线波长是可见光波长的上限，因此红外线也具有光波的性质，当它辐射到物体上时，除了一部分能量被吸收外，还有一部分能量被反射出去，其反射的量取决于物体的颜色、光洁度和几何形状。此外，红外线同光一样也无法穿透物体，因此红外再流焊炉中也存在缺点：红外线没有穿透物体的能力，像物体在阳光下产生阴影一样，使得阴影内的温度低于别处，当焊接 PLCC、BGA 器件时，由于器件本体的覆盖原因，引脚处的升温速度明显低于其他部位的焊点，而产生"阴影效应"，使这类器件的焊接变得困难；由于元器件表面颜色、体积、外表光亮度不一样，对于元件品种多样化的 SMA 来说，有时会出现温度不均匀的问题。

为了克服这些问题，人们又在再流焊炉中增加热风循环功能，研制出红外-热风再流焊炉，进一步提高了炉温的均匀性。20 世纪 90 年代后出现的再流焊炉均有热风循环的功能。适当的风量对 PCB 上过热的元件起到散热作用，而对热需求量大的元件又可以迅速补充热量，因此热风传热能起到热的均衡作用。在红外-热风再流焊炉中，热量的传导依然是以辐射导热为主。红外-热风再流焊炉是一种将热风对流和远红外加热结合在一起的加热设备，它集中了红外再流焊炉和强制热风对流两者的长处，故能有效地克服红外再流焊炉的"阴影效应"。

红外加热器的种类很多，大体可分为两大类，一类是灯源辐射体，它们能直接辐射热量，又称为一次辐射体；另一类是面源板式辐射体，加热器铸造在陶瓷板、铝板或不锈钢板板内，热量首先通过传导转移到板面上来。两类热源分别产生 1～2.5m 和 2.5～5m 波长的辐射。

（3）传动系统

传动系统是将电路板从再流焊机入口按一定速度输送到再流焊机出口的传动装置，包括导轨、网带（中央支撑）、链条、运输马达、轨道宽度调整机构、运输速度控制机构等部分。

主要传动方式有：链传动（Chain）、链传动＋网传动（Mesh）、网传动、双导轨运输系统、链传动＋中央支撑系统。其中，比较常用的传动方式为链传动＋网传动，如图 5-31 所示。链条的宽度可调节，PCB 放置在链条导轨上，可实现表面组装元器件的双面焊接，不锈钢网可防止 PCB 脱落，将 PCB 放置于不锈钢链条或网带上进行传输。链传动＋中央支撑的传动方式，如图 5-32 所示，一般用于传送大尺寸的多联板，防止电路板变形。

图 5-31　链传动＋网传动方式

图 5-32　链传动＋中央支撑传动方式

为保证链条、网带（中央支撑）等传动部件速度一致，传动系统中装有同步链条，运输马达通过同步链条带动运输链条、网带（中央支撑）的传动轴的不同齿轮转动。

1）运输速度控制

传动系统的运输速度控制普遍采用的是"变频器＋全闭环控制"的方式。控制流程如图 5-33 所示。

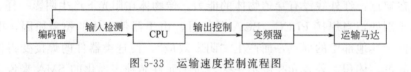

图 5-33　运输速度控制流程图

控制过程为：给运输速度一个设定值，CPU 会把这个值写入变频器，变频器给出输出信号，控制运输马达。在运输传动轴的位置装有编码器，实时检测马达的速度，并把信号反馈给 CPU。CPU 把检测的数值和设定值进行比较，如果在信号传输的过程中存在干扰，导致运输马达的实际速度与给定值不一致，CPU 会把偏差值补偿进去，输出给变频器，保证马达的速度和设定速度一致。

112

从生产效率的角度来看，炉子的运输速度越快，单位时间炉内通过的产品数量越多，然而对于 PCB 板来讲，过快或过慢的速度会使元件经历太长或太短的加热时间，都会影响焊接效果。另外，还应考虑每种炉子的热补偿能力，一般来讲，在满足正常生产产量的情况下，炉子的最高温度设定与 PCB 板面实测温度越接近，则这台炉子的热补偿性能越好。若升温速度过快，可能造成炉子热补偿能力不足。所以在炉子的运输速度方面，应该在满足标准曲线的前提下，尽最大可能满足客户的生产产量，调整出适当的运输速度。

2）轨距调节

根据所生产 PCB 的宽度不同，轨道间距要做相应的调整。再流焊机的加工尺寸范围是由设备所能调整到的最大轨距决定的。轨距调节控制流程如图 5-34 所示。

图 5-34　轨距调节控制流程图

调整时，拨动宽窄调节开关，马达会带动活动导轨进行宽窄调节。另外通过调速器和速度微调旋钮还可以改变导轨调节时移动的速度。

如图 5-35 所示，设备的导轨通常由一段或多段导轨构成。对于多段导轨，在调节轨距宽窄时，为保证导轨平行，在设备的前、中、后设有三段丝杆，"马达＋变速箱"通过同步链条同时带动各段丝杆传动，从而保证导轨前、中、后三部分动作的一致性。同时导轨

前、中、后三段滑动支撑杆

图 5-35　滑动支撑杆

前、中、后部均装有滑动支撑杆，托住导轨，保证力的均衡，防止轨道变形。

（4）冷却系统

冷却系统主要功能是快速冷却再流焊接后的电路板。再流焊机的冷却效率与设备的配置有关，通常有风冷、水冷两种方式，冷却速度与时间有严格要求，必须根据再流焊温度曲线并结合冷却装置，选择合适的冷却斜率，水冷式的冷却效果优于风冷式的冷却效果。热风式再流焊机采用的是风冷式冷却系统。

（5）废气处理与回收系统

焊膏的主要成分是焊料合金粉末和助焊剂，焊膏在受热熔化时其助焊剂及其溶剂会挥发，产生刺鼻的气体，人体大量吸入会有头晕、恶心、胸闷等症状，如果直接排放在空气中，会使工作环境变差，污染环境，废气处理与回收系统可及时排放助焊剂产生的废气，过滤有毒有害的气体，降低对工作环境的影响，减少废气排放，减少对周边环境的空气污染。

（6）控制系统（电气控制＋操作控制）

控制系统是再流焊设备的中枢，控制系统的质量、操作方式和操作的灵活性及所具有的功能都直接影响到设备的使用，再流焊设备全部采用计算机或 PLC 控制方式。控制系统的主要功能如下所述。

① 完成对所有可控温区的温度控制。

② 完成传送部分的速度检测与控制，实现无级调速。

③ 实现 PCB 在线温度测试。

④ 可实时置入和修改设定参数。

⑤ 可实时修改 PID 参数等内部控制参数。

⑥ 显示设备的工作状态，具有方便的人机对话功能。

⑦ 具有自诊断系统和声光报警系统。

（7）再流焊实时监控系统

随着 BGA、CSP 和 0201 元件的大量使用，特别是无铅焊料的使用，人们越来越感觉到再流焊炉温度高精度控制的重要性。

再流焊实时控制系统就像一台摄像机一样，可以 24h 对再流焊炉进行监视记录，对过程中的每个产品进行跟踪，并将炉内温度记录在案。它能确保最佳工艺能力得以维持，在潜在缺陷发生前指出存在的问题，并随时向工艺人员提供翔实、客观的数据。

如图 5-36 所示是再流焊实时监控系统的原理图，对于同一产品只需测一次温度曲线，作为基准曲线，监控系统会通过轨道两侧温度探测管中的热电偶实时监控炉腔不同位置的温度变化，从而推测出 PCB 上每个测试点的实时温度，以基准曲线为标准，为制程中的每一块 PCB 推测出一个精确的仿真曲线。仿真温度曲线可永久保留，当怀疑某时刻的表面组装元器件的焊接质量时，可以通过输入加工时间调出当时的炉内仿真温度曲线，并以此查出炉温是否异常，一目了然。

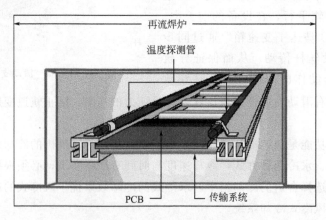

图 5-36　实时监控系统原理图

实时监控系统是一个强大的再流焊炉管理系统，可以实时监控那些能引起工艺过程变化的所有参数，包括峰值温度和时间、升温速率及传送带速度，完整的工艺控制能力和产品追踪能力将会简化品质控制过程和问题查找。

5.2.2.2　再流焊机典型故障维修方法

专业技术人员需对常见的故障进行维修，掌握常见故障维修的方法，确保机器的正常运行。再流焊机常见的故障有再流焊机无电源、再流焊机无通信、再流焊机高温报警，而无电源故障的主要原因是主电源、次电源及后备电源等发生故障；而无通信故障的主要原因是电源、软件及硬件等发生故障。

（1）再流焊机无电源

再流焊机接通电源、打开电源开关再流焊机无法通电即为再流焊机无电源故障，其又分为主电源故障、次电源故障和备用电源故障。其故障维修方法如下。

1）主电源故障

首先，确定再流焊炉主电源开关是否在"ON"位置；其次，检查再流焊炉的输入电压是否正常，如若不正常，则说明设备的供电系统有问题；再次，检查再流焊的熔断器的熔体是否烧断，若是则更换熔体即可，最后，检查设备电脑是否能正常开机。

2）次电源故障

首先，确定再流焊炉入口底板上的电压是否正常；其次，确定变压器次极端红线之间的电压是否正常；最后，检查各接线端点是否松动，若有松动则拧紧即可。

3）备用电源故障

首先，确定安装在再流焊炉地板上的备用电源是否安装正确；其次，按原厂说明书检查不间断电源 UPS。

（2）再流焊机无通信

当操作再流焊机设备电脑时，再流焊 PLC 无相关响应，设备电脑与 PLC 之间无法正常通信，再流焊机不受控制，电脑界面显示"通信中断"。若开机无法通信，则再流焊机无法进行温度设置和加热，若生产过程中通信中断，则再流焊机会失去控制机器报警，严重时会损坏机器，造成不可逆的故障。其故障维修方法如下。

1）对于硬件故障

首先，检查 PLC 和电脑是否正常开机，检查熔断器是否烧坏；其次，检查通信电路是否连接正常，有无松动或接触不良等现象；最后，检查电脑和 PLC 的通信端口是否选择正确连接正常。

2）对于软件故障

首先，确定设备电脑是否只有一个控制软件在运转，造成通信阻断，若是则关闭一个控制软件即可。其次，检查通信参数是否设置正确，若不正确则更改，具体参数为波特率9600KB，数据位 8 位，校验位 1 位，奇校验；最后，检查 COM 端是否选择正确，确定有无其他程序连接 COM2 端口，使地址与终端冲突，检查系统接口设置是否正确。

（3）再流焊机炉温异常

再流焊机炉温异常分为炉温过低或高温报警。炉温过低具体现象为再流焊经过一段时间预热后，仍然无法达到设定温度或者再流焊机无法正常加热；高温报警具体表现为再流焊持续加热，当实际温度达到设定温度时，温度不能恒定，反而持续加热，造成再流焊机炉内高温，使其高温报警。再流焊温度正常与否，将直接影响贴片元件的焊接质量，若温度过低，达不到设定温度，使焊膏无法正常熔化，则会造成虚焊、焊点光泽度差或焊点有气泡等现象。若再流焊温度过高，则会损坏元器件或电路板，造成不可逆的损坏，因此再流焊炉温能否保持恒定，将直接影响产品的质量和企业的生产效率。其故障维修方法如下。

1）对于硬件故障

首先，检查再流焊机的通风系统是否正常，有无堵塞或者排气不畅；其次，检查再流焊机的冷却系统是否正常；再次，检查温度传感器热电偶是否正常，测试热电偶有无开路；从次，检查传送带有无卡住，传输过程中有无掉板或卡板；最后，各温区的加热丝能否正常加热，若不正常，则用万用表测试其电阻值有无开路。

2) 对于软件故障

首先，检查加热开关和冷却系统是否打开，若未打开重新开启即可；其次，检查各温区温度和峰值温度设置是否正常合理，若不正常，则重新设置各温区温度；最后，检查再流焊通信是否正常，以免通信中断再流焊机失去控制，造成炉温异常。

5.2.2.3 再流焊机可靠性运行及保养改进完善

再流焊机按照保养周期的长短分为周保养、月保养及季度保养等，为保证再流焊机可靠运行，提高机器的使用效率和使用寿命，需对保养方案进行改进和完善，同时按照严格的规程进行保养。周保养主要是对再流焊机的外部结构进行清洁和检查，以免再流焊机在日常运行中的过程中发生故障；月保养主要是对再流焊机的内部及再流焊炉内的清洁及检查，同时包含周保养的所有项目，降低再流焊机在日常运行中的故障率；季度保养主要是对再流焊机的电气部分及控制系统进行检查、维修及更换，同时包含周保养和月保养的所有项目，对再流焊机进行系统检查，排除安全隐患，延长设备的使用寿命。所以再流焊机的日保养、月保养与季度保养是必要的、不可或缺的，目的是提高机器的可靠性、使用效率，延长使用寿命。

（1）再流焊机周保养改进完善

再流焊机的周保养主要是对再流焊机的外部结构进行清洁和检查。

1) 机器外部清洁和7S管理

首先，擦拭清洁再流焊机外壳灰尘或赃物；其次，检查设备外围各感应传感器是否正常，并进行清洁，确保传感器能正常感应；最后，按照7S管理要求，对设备底下和周围的物品进行清理。

2) 设备运行状态检查

检查机器表面螺丝，目视检查有无松动、掉落等现象并及时通知技术员；机器运行过程中有无异响，如链条在正常运转时，检查有无异响以及气压表的气压是否为0.49MPa。

（2）再流焊机月保养改进完善

再流焊机月保养主要是对再流焊机的内部及再流焊炉内的清洁及检查，同时包含周保养的所有项目。

1) 机器内部检查及清洁

检查机器内部各传感器是否正常，擦拭清洁炉内前后传感器灰尘或油污等；检测传送带各部件有无损坏，若有损坏及时更换，并用滴油器在传送链条的运动部位上滴高温油；检测冷却风扇是否正常，并用吸尘器将机壳上各排风口上灰尘吸净。

2) 电气部分

检查电源是否正常输入，检查接线端有无松动，并进行7S管理；检查空气开关、接触器和时间继电器等电气元件是否能正常运行，检查线路有无松动。

（3）再流焊机季保养改进完善

季度保养主要是对再流焊机的电气部分及控制系统进行检查、维修及更换，同时包含周保养和月保养的所有项目。

1) 电气部分

检查电路各接线端子有无松动或接触不良；检查PLC的运行状态，输入输出信号是否正常，通信是否连接正常可靠，并擦拭干净；检查两个变频器的运行状态，参数设置是否合理，检查接线端有无松动；检查 UPS 电源是否良好，用万用表测量两端电压是否满足要求。

2）轨道和链条部分

检查轨道平行度是否满足要求，并用水平仪器进行测量和校准，及时更换运动部位的易损部件，并重新打上润滑油；检查链条运行是否平稳，并用仪器进行测量和校准，检查轴杆有无偏移、变形等现象。

3）气路部分

检查启盖气压杆是否正常，有无过脏、偏移、变形等现象发生，并对活动部位重新打润滑油。

5.2.3　再流焊缺陷分析

在生产过程中，由于回流焊传输速度的快慢、各温区的温度变化、印刷机印刷质量、贴片机贴装的精准度等因素，回流焊接经常会出现一些缺陷，常见的回流焊缺陷有锡珠、桥连、立碑等现象。

（1）桥连

桥连如图 5-37 所示，是指两个或者多个焊点出现搭桥或连锡现象，使得电路出现短路，对电路板的功能造成严重影响，有时会因为短路而烧坏电路板或仪器。导致桥连缺陷的主要因素有以下几点。

图 5-37　桥连

① 温度升速过快。再流焊时，如果温度上升速度过快，焊膏内部的助焊剂溶剂就会挥发出来，引起溶剂的沸腾飞溅，溅出焊料颗粒，形成桥连。其解决办法是，设置适当的焊接温度曲线。

② 焊膏过量。由于模板厚度及开孔尺寸偏大，造成焊膏过量，再流焊后必然会形成桥连。其解决办法是，选用厚度较薄的模板，缩小模板的开孔尺寸。

③ 模板孔壁粗糙不平，不利于焊膏脱膜，印制出的焊膏也容易坍塌，从而产生桥连。其解决办法是，采用激光切割的模板。

④ 贴装偏移，或贴片压力过大，使印制出的焊膏发生坍塌，从而产生桥连。其解决办法是，减小贴装误差，适当降低贴片头的放置压力。

⑤ 焊膏的黏度较低，印制后容易坍塌，再流焊后必然会产生桥连。其解决办法是，选择黏度较高的焊膏。

⑥ 电路板布线设计与焊盘间距不规范，焊盘间距过窄，导致桥连。其解决办法是，改进电路设计。

⑦ 焊膏印刷错位，也会导致产生桥连。其解决办法是，提高焊膏印刷的对位精度。

⑧ 过大的刮刀压力，使印制出的焊膏发生坍塌，从而产生桥连。其解决办法是，降低刮刀压力。

（2）立碑

图 5-38　立碑

立碑又称吊桥、曼哈顿现象，是指两个焊端的表面组装元件，经过再流焊后其中一个端头离开焊盘表面，整个元件呈斜立或直立，如石碑状，如图 5-38 所示，该矩形片式组件的一端焊接在焊盘上，而另一端则翘立。

几种常见的立碑状况分析如下所述。

① 贴装精度不够。一般情况下，贴装时产生的组件偏移，在再流焊时由于焊膏熔化产生表面张力，拉动组件进行自动定位，即自对位。但如果偏移严重，拉动反而会使组件竖起，产生立碑现象。另外，组件两端与焊膏的黏度不同，也是产生立碑现象的原因之一。

其解决办法是，调整贴片机的贴片精度，避免产生较大的贴片偏差。

② 焊盘尺寸设计不合理。若片式组件的一对焊盘不对称，则会引起漏印的焊膏量不一致，小焊盘对温度响应快，焊盘上的焊膏易熔化，大焊盘则相反，因此，当小焊盘上的焊膏熔化后，在表面张力的作用下，将组件拉直竖起，产生立碑现象。

其解决办法是，严格按标准规范进行焊盘设计，确保焊盘图形的形状与尺寸完全一致。同时，设计焊盘时，在保证焊点强度的前提下，焊盘尺寸应尽可能小，立碑现象就会大幅度下降。

③ 焊膏涂敷过厚。焊膏过厚时，两个焊盘上的焊膏不是同时熔化的概率就会大大增加，从而导致组件两个焊端表面张力不平衡，产生立碑现象。相反，焊膏变薄时，两个焊盘上的焊膏同时熔化的概率就大大增加，立碑现象就会大幅减少。

其解决办法是，由于焊膏厚度是由模板厚度决定的，因而应选用厚度较薄的模板。

④ 预热不充分。当预热温度设置较低、预热时间设置较短时，组件两端焊膏不能同时熔化的概率就大大增加，从而导致组件两个焊端的表面张力不平衡，产生立碑现象。

其解决办法是，正确设置预热期工艺参数，延长预热时间。

⑤ 组件排列方向设计上存在缺陷。如果在再流焊时，使片式组件的一个焊端先通过再流焊区域，焊膏先熔化，而另一焊端未达到熔化温度，那么先熔化的焊端在表面张力的作用下，将组件拉直竖起，产生立碑现象。

其解决办法是，确保片式组件两焊端同时进入再流焊区域，使两端焊盘上的焊膏同时熔化。

⑥ 组件质量较轻。较轻的组件立碑现象发生率较高，这是因为组件两端不均衡的表面张力可以很容易地拉动组件。表面组装元器件发展越来越小型化，质量越来越小，因此出现立碑的可能性也越来越大了。

（3）锡珠

锡珠一般是在焊接前焊膏因为各种原因而超出焊盘外，而焊接后独立出现在焊盘与引脚外面，未能与焊膏融合，从而形成锡珠，锡珠经常出现在元器件两侧或细间距引脚之间，容易造成电路板短路，锡珠质量缺陷示意图如图 5-39 所示。

图 5-39 锡珠质量缺陷

现将锡珠产生的常见原因及解决方法具体总结如下。

① 再流温度曲线设置不当。首先，如果预热不充分，没有达到温度或时间要求，焊剂不仅活性较低，而且挥发很少，不仅不能去除焊盘和焊料颗粒表面的氧化膜，而且不能从焊膏粉末中上升到焊料表面，无法改善液态焊的润湿性，易产生锡珠。

其解决办法是，使预热温度在 120℃ 的时间适当延长。其次，如果预热区温度上升速度过快，达到平顶温度的时间过短，导致焊膏内部的水分、溶剂未完全挥发出来，到达再流焊温区时，即可能引起水分、溶剂沸腾，溅出锡珠。因此，应注意升温速率，预热区温度的上升速度控制在 1～4℃/s 范围内。另外，再流焊时温度的设置太低，液态焊料的润湿性受到影响，易产生锡珠。随着温度的升高，液态焊料的润湿性将得到明显改善，从而减少锡珠的产生。但再流焊温度太高，就会损伤元器件、PCB 板和焊盘，所以要选择合适的焊接温度，使焊料具有较好的润湿性。

② 焊剂未能发挥作用。焊剂的作用是清除焊盘和焊料颗粒表面的氧化膜，从而改善液态焊料与焊盘、元器件引脚（焊端）之间的润湿性。如果在涂敷焊膏之后，放置时间过长，焊剂容易挥发，就失去了焊剂的脱氧作用，液态焊料润湿性变差，再流焊时必然会产生锡珠。

其解决办法是，选用工作寿命比较高的焊膏，或尽量缩短放置时间。

③ 模板的开孔过大或变形严重。如果总在同一位置上出现锡珠，就有必要检查金属板的设计结构了。模板开口尺寸精度达不到要求，对于焊盘偏大，以及表面材质较软（如铜模板），将会造成漏印焊膏的外形轮廓不清晰，互相桥连，这种情况多出现在细间距器件的焊盘漏印中，再流焊后必然造成引脚间大量锡珠的产生。

其解决办法是，应针对焊盘图形的不同形状和中心距，选择适宜的模板材料及模板制作工艺来保证焊膏的印制质量，缩小模板的开孔尺寸，严格控制模板制作工艺，或改用激光切割加电抛光的方法制作模板。

④ 贴片时放置压力过大。过大的放置压力可以把焊膏挤压到焊盘之外，如果焊膏涂敷得较厚，过大的放置压力更容易把焊膏挤压到焊盘之外，再流焊后必然会产生锡珠。

其解决办法是，控制焊膏厚度，同时减小贴片头的放置压力。

⑤ 焊膏中含有水分。如果从冰箱中取出焊膏，直接开盖使用，因温差较大而产生水汽凝结，在再流焊时，极易引起水分的沸腾飞溅，形成锡珠。

其解决办法是，焊膏从冰箱取出后，通常应在室温下放置 2h 以上，待密封筒内的焊膏温度达到环境温度后，再开盖使用。

⑥ PCB 板清洗不干净，使焊膏残留于 PCB 板表面及通孔中。

其解决办法是，加强操作者和工艺人员在生产过程中的责任心，严格遵照工艺要求和操作规程进行生产，加强工艺过程的质量控制。

⑦ 采用非接触式印刷或印刷压力过大。非接触式印刷中模板与 PCB 之间留有一定空隙，如果刮刀压力控制不好，容易使模板下面的焊膏挤到 PCB 表面的非焊盘区，再流焊后必然会产生锡珠。

其解决办法是：如无特殊要求，宜采用接触式印刷或减小印刷压力。

⑧ 助焊剂失效。如果贴片至再流焊的时间过长，则因焊膏中焊料粒子的氧化，助焊剂变质，活性降低，会导致焊膏不再流，焊球就会产生。

其解决办法是，选用工作寿命长一些的焊膏，比如工作寿命至少 4h 以上的焊膏。

（4）元件偏移

元件偏移的情况如图 5-40 所示，观察缺陷的发生时间，可分为两种状况加以分析解决。

① 再流焊前元件偏移。先观察焊接前基板上组装元件的位置是否偏移，如果有这种情况，可检查一下焊膏黏结力是否合乎要求。如果不是焊膏的原因，再检查贴片机贴装精度、位置是否发生了偏移。贴片机贴装精度不够或位置发生偏移及焊膏黏结力不够，可能会导致元件偏移。

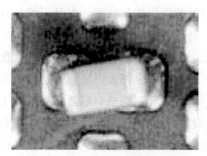

图 5-40　元件偏移

其解决方法是，调整贴片机贴装精度和安放位置，更换黏结性强的新焊膏。

② 再流焊时元件偏移。虽然焊料的润湿性良好，有足够的自调整效果，但最终发生了元件的偏移，这时要考虑再流焊炉内传送带上是否有振动等影响，对再流焊炉进行检查。如不是这个原因，则可从元件曼哈顿不良因素加以考虑，是否是两侧焊区的一侧焊料熔融快，由熔融时的表面张力发生了元件的错位。

其解决方法是，调整升温曲线和预热时间；消除传送带的振动；更换活性剂；调整焊膏的供给量。

（5）润湿不良

润湿不良的情况如图 5-41 所示。

图 5-41　润湿不良

原因大多是焊区表面受到污染或粘上阻焊剂，或是被接合物表面生成金属化合物层等。如银的表面有硫化物，锡的表面有氧化物，都会产生润湿不良。另外，焊料中残留的铝、锌、镉等超过 0.005％以上时，由于焊剂的吸湿作用使活化程度降低，也可能发生润湿不良。因此，在焊接基板表面和元件表面要做好防污措施；选择合适的焊料，并合理地设定焊接温度与时间。

（6）裂纹

裂纹现象如图 5-42 所示。PCB 在刚脱离焊区时，由于焊料和被接合件的热膨胀差异，在急冷或急热作用下，因凝固应力或收缩应力的影响，会使表面组装元器件基体产生微裂，焊接后的 PCB，在冲切、运输过程中，也必须减少对表面组装元器件的冲击应力和弯曲应力。表面贴装产品在设计时，就应考虑到缩小热膨胀的差距，正确设定加热条件和冷却条件，并选用延展性良好的焊料。

图 5-42　裂纹

（7）气孔

气孔是分布在焊点表面或内部的气孔、针孔或空洞，如图 5-43 所示。

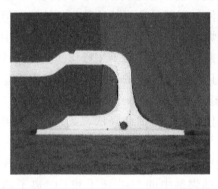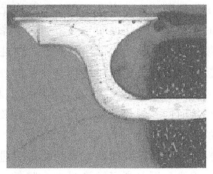

图 5-43　气孔

气孔是锡点内的微小"气泡"，可能是被夹住的空气或助焊剂。一般由三个曲线错误所引起：峰值温度不够；再流时间不够；升温阶段温度过高，造成没挥发的助焊剂被夹住在锡点内。这种情况下，为了避免气孔的产生，应在气孔发生的点测量温度曲线，适当调整直到问题解决。

另外，元器件焊端、引脚、印制电路板的焊盘氧化或污染，或 PCB 板受潮，都能引起焊锡熔融时焊盘、焊端局部不润湿，未润湿处的助焊剂排气及氧化物排气时就会产生气孔。

（8）PCB 扭曲

PCB 扭曲问题是 SMT 大批量生产中经常出现的问题。其原因主要包括：PCB 本身原材料选用不当，特别是纸基 PCB，其加工温度过高，会使 PCB 扭曲；PCB 设计不合理，组件分布不均，会造成 PCB 热应力过大，外形较大的连接器和插座也会影响 PCB 的膨胀和收缩，乃至出现永久性扭曲；双面 PCB，若一面的铜箔保留过大（如地线），而另一面铜箔过少，会造成两面收缩不均匀而出现变形；再流焊中温度过高也会造成 PCB 扭曲。

其解决办法是：在价格和空间容许的情况下，选用质量较好的 PCB 或增加 PCB 的厚度，以取得最佳长宽比；合理设计 PCB，双面的铜箔面积应均衡，在贴片前对 PCB 进行预热；调整夹具或夹持距离，保证 PCB 受热膨胀的空间；焊接工艺温度尽可能调低；已经出现轻度扭曲时，可以放在定位夹具中，升温复位，以释放应力。

5.3 选择性波峰焊

5.3.1 选择性波峰焊概述

波峰焊接技术是一种高效的大规模焊接工艺技术，但是波峰焊接技术的局限性特别明显：同一块线路板上的不同焊点因其特性不同，其所需的焊接参数会有很大差异，但是波峰焊的特点是使整块线路板上的所有焊点在同一设定参数下完成焊接，因而不同焊点间需要彼此互相"将就"，这使得波峰焊较难完全满足高品质线路板的焊接要求。

选择性波峰焊工作原理是：在由电路板设计文件转换的程序控制下，小型波峰焊锡槽和喷嘴移动到电路板需要焊接的位置，顺序、定量地喷涂助焊剂并喷涌焊料波峰，进行局部焊接。选择性波峰焊弥补了波峰焊的不足，它可以保护表面贴装元件来实现对插装元件焊接，大幅度降低生产工序和周期时间。

在传统的波峰焊接中，PCB 板的下部需要完全浸入液态焊料中，因此在 PCB 的焊接面不能分布引脚间距较密或者密度很高的贴片元件，否则易造成桥连等焊接缺陷。但由于各种原因，有时不得不在焊接面布置并不适合波峰焊接的贴片元件，这时在焊接过程中就需要专用的保护膜来保护其他的表面贴装元件，并且贴膜和脱模均需手工操作。但使用选择性波峰焊进行焊接时，仅有特定区域与焊锡波接触，且每一个焊点的焊接参数都可以"量身定制"，我们不必再彼此"将就"。工程师有足够的工艺调整空间把每个焊点的焊接参数（助焊剂的喷涂量、焊接时间、焊接波峰高度等）调至最佳，缺陷率因此降低，我们甚至有可能做到通孔元器件的零缺陷焊接。

选择性波峰焊只是针对所需要焊接的点进行助焊剂的选择性喷涂，因此 PCB 板的清洁度可大幅度提高，同时离子污染量大大降低。助焊剂中的 Na^+ 离子和 Cl^- 离子如果残留在线路板上，时间一长就会与空气中的水分子结合形成盐，从而腐蚀线路板和焊点，最终造成焊点开路。因此，传统的生产方式往往需要对焊接完的线路板进行清洗，而选择性波峰焊则从根本上解决了这一问题。

由于焊接中的升温和降温过程都会给线路板带来热冲击，其强度在无铅焊接中尤为突出。无铅波峰焊的波峰温度一般为 260℃ 左右，比锡铅波峰焊温度高 20~30℃。在焊接时，整块线路板的温度经历了从室温到 260℃，再冷却至室温的过程，这一升一降的两个温度变化过程所带来的热冲击会使线路板上不同材质的物体因为热膨胀系数不同而形成剪切应力，对 PCB 板及元器件造成损伤。这些问题使用选择性波峰焊完全可以避免，近些年来，选择性波峰焊技术的不断成熟，选择性波峰焊焊工艺被广泛应用于电力、通信、军工、轨道交通及汽车制造等多个领域。

5.3.1.1　选择性波峰焊机理

选择性波峰焊与波峰焊基本相似，主要由助焊剂喷涂、预热以及焊接三个部分组成，但由于选择性波峰焊机在性能方面的优势，该项焊接技术有效弥补了波峰焊接工艺的技术缺陷，实现了对通孔元器件的科学高效处理。

选择性波峰焊工艺针对性较强，可以根据不同的通孔元器件，选择相应的喷涂助焊剂，确保了喷涂效果。同时预热性能较好，在实际焊接过程中，技术人员可以结合焊接对象对于焊接温度的要求，灵活调整加热管道输出功率以及加热管道的使用数量，形成多种预热组合方案，确保焊接温度符合实际的焊接需求，在保证整体焊接质效的同时，有效控制焊接残渣的产生，达到控制焊接能耗的目的。

选择性波峰焊使用圆形喷嘴，通常喷嘴的内径为 3mm，外径为 4.5mm（实际可根据产品需求配置不同尺寸喷嘴来满足要求），在对通孔元器件进行焊接的过程中，技术人员可以灵活制定焊接方案，采取用点焊或者拖焊等方式，快速完成焊接操作，缩短焊接周期。从整体效果来看，选择性波峰焊工艺与传统焊接方案相比，具有较好的灵活性。针对不同的焊接对象，采取不同的焊接方案，灵活调整焊接工艺参数，实现了焊接能力与焊接质量的有效提升。

选择性波峰焊减少了助焊剂的使用量，加之焊接过程中，使用氮气进行焊接保护，因此焊接残渣较少，对生态环境的影响相对较低。选择性波峰焊锡槽较小，容量只有十几公斤，所占空间较为有限，增加了选择性波峰焊工艺的环境适应能力。

5.3.1.2　选择性波峰焊工艺流程

选择性波峰焊工艺流程一般由助焊剂喷涂、预热、焊接三个部分组成。通过设备的程序设置，可对将要焊接的部位依次完成助焊剂喷涂工作，经预热模块预热后，再由焊接模块对其进行逐点焊接。

（1）助焊剂喷涂

在保证喷涂位置精确度的情况下，根据 PCB 的线路布局特点及元器件引脚的不同，选择性助焊剂的喷涂可以分为以下两种情况。

① 单点喷涂，助焊剂量一般控制在 20% 以内，喷涂时间为 1s 以内，喷涂时间不宜过长，否则会造成 PCB 板面助焊剂残留。

② 连续焊点喷涂，助焊剂量应控制在 30% ~ 40%，喷头的移动速度应控制在 15 ~ 30mm/s。

（2）预热

评价通孔插装元器件的焊接质量时，焊料在焊盘上的铺展面积和对通孔的填充率是两个重要的指标。PCB 在焊接前的预热对这两个方面有很大的作用。

在波峰焊过程中，PCB 承受的温度一般为 215 ~ 255℃。在此温度下，PCB 处于高弹状态，已发生形变。而选择性波峰焊是局部焊接，冷的 PCB 直接焊接会带来焊接质量差、板材易变形等缺陷。因此，预热过程是选择性波峰焊不可缺少的过程。选择性波峰焊一般采用整体预热方式，防止线路板因受热不均而发生变形。选择性波峰焊多采用松香型助焊剂，它的活化温度一般是在 120 ~ 150℃，超过这一温度则活化作用消失。因此，松香型助焊剂必须在焊接之前活化，同时，松香是一种大分子多环化合物，具有一定的成膜性，在活化过程中去除金属氧化物后可以在金属表面成膜，防止其再氧化。当选择顶部预热时，可以选择热风预热方式。

（3）焊接

选择性波峰焊最主要的优点就是对 PCB 的每个焊点都可以单独设置焊接参数，确保其得到最优的焊接效果。在传统的波峰焊过程中，由于焊接范围大，PCB 大部分元器件都会经历同样的温度变化过程。选择性波峰焊只是针对特定点的焊接，只会在焊点及其邻近极小区域产生热冲击，可以避免热冲击带来的危害。无铅波峰焊的温度一般为 260℃ 左右，对于上锡难的元器件，其波峰焊温度可达到 280℃。

5.3.1.3 选择性波峰焊的喷嘴

选择性波峰焊喷嘴是选择性波峰焊机的重要附件，如图 5-44 所示。选择性波峰焊的喷嘴有多种尺寸可以选择，内径/外径标准配置有 3mm/4.5mm、4mm/8.0mm、6mm/10mm、8mm/12mm、10mm/14mm 等多种的喷嘴。目前喷嘴最小内径为 2mm，最小外径 4.5mm，喷嘴最大内径为 31mm，最大外径为 35mm，合适的焊接喷嘴可以保证焊接质量。对于难焊的大热容器件，尽量选择大尺寸喷嘴，可以提供足够的焊接热量；而对于密集贴片器件中的焊点，则需要选择小尺寸喷嘴，以免解焊掉周围的贴片器件。除了标准喷嘴，还可以定制不同尺寸、不同形状喷嘴，对于某些特殊的焊接组件，可以选择不同形状样式的喷嘴，例如加长型喷嘴等，以满足不同的焊接需求。

图 5-44 选择性波峰焊的喷嘴

针对高可靠性电子产品特点，合理选择焊接喷嘴以及焊接方式，如点焊或拖焊，对生产批量大的产品定制喷嘴进行浸焊，不仅保证了产品质量的一致性，也大大提高了生产效率。

5.3.1.4 选择性波峰焊工艺特点

选择性波峰焊工艺具有先进性、复杂性以及智能性等特点，例如在选择性波峰焊工艺中，通过对 PCB 板的合理布局以及焊接喷嘴的科学设计，使得选择性波峰焊的质效得到提升，焊接成本降低，减少了费用支出。

由于喷嘴规格的多元化，使得选择性波峰焊工艺能够满足不同场景下的焊接需求，在PCB 板布局环节，技术人员通常只需要考虑喷嘴的直径或者喷嘴高度等几个参数，就能够快速实现参数设置，有序开展相关的焊接操作。但是考虑到实际的焊接效果，技术人员在焊接操作之前，应当对焊接方案进行筛选以及优化。在选择性波峰焊工艺使用过程中，如果选用单喷嘴焊接方案，则应当预留相应的空间，保证通孔元器件引脚与其他元器件之间保持2mm 的距离，以便于焊接后，喷嘴能够有序撤离 PCB 板。在选择性波峰焊过程中，如果PCB 板上存在体积较大的元器件，则需要技术人员，调整焊接方案，将喷嘴与元器件的距离保持在合理范围内，避免焊接过程中产生的高温对元器件产生破坏作用，影响元器件的正常使用。这种复杂性，要求技术人员在操作环节灵活调整焊接方案，科学处理各类突发情况，确保选择性波峰焊工艺的科学高效应用。

5.3.2　选择性波峰焊工艺应用注意事项

选择性波峰焊工艺在实际应用环节需要关注以下注意事项，以确保技术应用的针对性以及有效性。

（1）通孔填充率问题

在选择性波峰焊工艺应用过程中，需要保证通孔填充率。从以往实践情况来看，引发通孔填充率较低的原因是多方面的。通孔元器件引脚直径过大或者过小，都会造成通孔填充率不达标的问题，具体来看，如果引脚过大，造成通孔间隙较大，导致毛细管无法发挥自身的作用；如果引脚过小，通孔间隙过小，选择性波峰焊使用的助焊剂难以在短时间内进入到通孔内部，影响焊点质量，增加焊接难度。为了确保通孔填充率处于合理的范围内，保证助焊剂的快速融入，技术人员需要做好相应的 PCB 板设计工作，以此来解决通孔元器件间隙过大或者过小的问题。例如在 PCB 板设计环节，应当以元器件引脚作为标准，在元器件引脚的基础上，增加 0.2mm 到 0.4mm，将其作为通孔直径，从而将通孔间隙控制在合理范围内，保证助焊剂的填充质效，为后续相关焊接工作的开展创造了便利条件。

（2）桥连问题

桥连作为影响现阶段选择性波峰焊的关键性缺陷，对于焊接质效有着最为直接的影响。从桥连缺陷的诱发因素来看，桥连问题的出现主要与通孔元器件引脚间隙过小有关。通常情况下，多喷嘴焊接技术方案，在焊接过程中，为了保证焊接质效，要求元器件的引脚间距应当超过 2.54mm，单喷嘴焊接技术方案，由于喷嘴数量较少，要求元器件引脚间距大于 1.27mm。只有满足上述间距要求，才能够避免喷嘴对于焊点周围元器件产生结构性损伤，确保焊接的整体水平。但是从实际情况来看，由于工艺的限制，元器件引脚间距小于 2.54mm 的集成电路存在较大的桥连风险，技术难度较大，周期较长，无法满足实际的焊接需求。但是在实际处理环节，技术人员可以从 PCB 板设计入手，通过对 PCB 板的合理布局，在元器件引脚位置设置一定的拖锡焊盘，将焊接过程中产生的焊接料及时排出，从而管控桥连风险，确保了选择性波峰焊工艺的实用性。

（3）锡珠问题

从实际情况来看，目前锡珠问题普遍存在于通孔元器件焊接过程中，尤其在无铅焊技术应用过程中出现频率较高。这是因为无铅焊接产生的焊接温度明显高于有铅焊的焊接温度，由于焊接温度较高，导致通孔元器件中的阻焊膜在焊接预热过程中出现软化的情况，材料软化增加了阻焊膜的黏度，大大增加了锡珠粘连的发生概率，导致选择性波峰焊过程中，形成的焊接残渣难以快速排出，影响焊接的整体质量。为了有效应对这一问题，降低锡珠对整个选择性波峰焊工艺的影响，技术人员在焊接之前，应当在科学性原则、实用性原则的引导下，做好相应的准备工作。例如在 PCB 板排版过程中，进行技术方案的微调，有计划地使用大焊盘阻焊膜，通过增加阻焊膜的面积，在保证阻焊膜作用充分发挥的前提下，最大限度地扩大阻焊膜与焊点之间的距离，通过这种处理方案，有效降低锡珠的产生概率。

（4）PCB 板设置问题

选择性波峰焊过程中，为保证焊接效果，应当做好 PCB 板的合理布局，通过 PCB 板的高效设置，有效推动选择性波峰焊工艺在实践环节中的科学高效应用。在这一思路的引导下，技术人员在 PCB 板排版设置过程中，应当立足于实际，细化 PCB 板设置要求，明确 PCB 板优化流程，逐步形成一个完备高效的 PCB 板设置机制。同时，为保证 PCB 板设置效果，技术人员应当做好相应的检测工作，通过系统化的检测，评估相关设置方案，调整设置方法。例如在 PCB 板设置方案明确后，使用针床在线测试系统，对 PCB 板进行全面评估，在评估过程中，收集、汇总、分析各项数据，为技术人员提供相应的参考，技术人员根据相关数据，快速判定 PCB 板设置方案存在的问题与不足，采取有效的措施，积极进行应对与优化，实现对 PCB 板的动态设置，切实保证选择性波峰焊工艺在实践环节的应用效果。

（5）选择性波峰焊设备编程与参数设定问题

在选择性波峰焊的过程中，尽管只针对通孔元器件进行焊接，但是由于喷嘴处温度较高，实际焊接过程中，势必对通孔元器件周围的各类组件产生影响。为了缩小选择性波峰焊影响范围，在焊接之前，技术人员可以做好焊接设备的编程以及参数设定工作。例如使用下沉式喷射系统，对助焊剂喷射的体量、预热温度以及拖拽温度进行控制，以保证焊接的质效。同时做好选择性波峰焊设备辅料的使用工作，通过合理使用辅料，大大增强整个焊接的有效性，发挥选择性波峰焊的技术优势。

5.4 其他焊接技术

5.4.1 热板传导再流焊

利用热板传导来加热的焊接方法称为热板再流焊。热板再流焊的工作原理如图 5-45 所示。

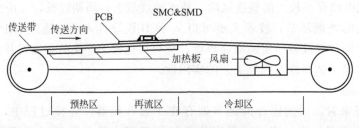

图 5-45 热板再流焊的工作原理

发热器件为板型，放置在传送带下，传送带由导热性能良好的材料制成。待焊电路板放在传送带上，热量先传送到电路板上，再传至焊膏与表面组装元器件上，焊膏熔化以后，再通过风冷降温，完成表面组装元器件与电路板的焊接。这种设备的热板表面温度不能大于300℃，适用于高纯度氧化铝基板、陶瓷基板等导热性好的电路板单面焊接，对普通覆铜箔电路板的焊接效果不好。其优点是结构简单，操作方便；缺点是热效率低，温度不均匀，PCB 为非热良导体就无法适应，故很快被取代。

5.4.2 气相再流焊

（1）气相再流焊的原理
气相再流焊是利用氟惰性液体由气态相变为液态时放出的汽化潜热来进行加热的一种焊

接方法，其焊接原理如图 5-46 所示。

典型的气相焊接系统是一个可容纳氟惰性液体的容器，用加热器加热氟惰性液体到沸点温度，使之沸腾蒸发，在其上形成温度等于氟惰性液体沸点的饱和蒸气区。在这个饱和蒸气区内氟惰性蒸气置换了其中的大部分空气，形成无氧的环境，这是高质量地进行表面组装焊接的重要条件。在该容器的顶部（即饱和蒸气区的上方）是一组冷凝蛇形管，用来减少氟惰性蒸气的损失。

当相对较冷的被焊接的表面组装元器件进入饱和蒸气区时，蒸气凝聚在表面组装元

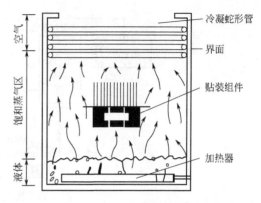

图 5-46　气相再流焊的原理

器件所有暴露的表面上，把汽化潜热传给 PCB、元器件和焊膏。在表面组装元器件上凝聚的液体流到容器底部，再次被加热蒸发并凝聚在表面组装元器件上。这个过程继续进行，并在短时间内使表面组装元器件与蒸气达到热平衡，表面组装元器件即被加热到氟惰性液体的沸点温度。由于所有氟惰性液体的沸点都高于焊料的熔点，因而可以获得适当的再流焊温度。

（2）气相再流焊的特点

① 由于在表面组装元器件的所有表面上普遍存在凝聚现象，且置于恒定温度的气相场中，汽化潜热的转移对表面组装元器件的物理结构和几何形状不敏感，因而可使组件均匀地加热到焊接温度。

② 由于加热均匀，热冲击小，因而能防止元器件产生内应力。加热不受表面组装元器件结构的影响，复杂和微小部分也能进行焊接，焊料的桥连被控制到最低程度。

③ 焊接温度保持一定。由于饱和蒸气的温度由氟惰性液体的沸点决定，在这种稳定的饱和蒸气中焊接，无须采用复杂的温控手段就可以精确保持焊接温度，不会发生过热现象。

④ 在无氧气的环境中进行焊接，有利于形成高质量的焊点。

⑤ 热转换效率高，加热速度快。

⑥ 气相焊热传导效果好，温度升高速度快，受热均匀，并能精确控制最高温度，能焊接 PLCC 和 QFP。

气相焊接技术也存在一定的缺点，主要表现在：升温条件不能由表面组装元器件的种类来确定，汽化力有表面组装元器件浮起的可能，产生"曼哈顿现象"和"芯吸效应"；氟化处理价格昂贵，生产成本高，且如果操作不当，氟溶剂经热分解会产生有毒气体。它可用于特种场合下的焊接，如航天、军工的表面组装元器件的焊接。

5.4.3　激光再流焊

（1）激光再流焊的原理

激光焊接是利用激光束直接照射焊接部位，焊接部位（元器件引脚和焊料）吸收激光能并转变成热能，温度急剧上升到焊接温度，导致焊料熔化，激光照射停止后，焊接部位迅速变冷，焊料凝固，形成牢固可靠的连接，其原理如图 5-47 所示。

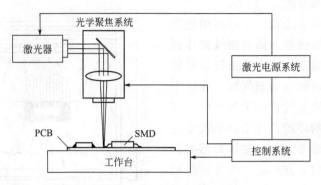

图 5-47 激光再流焊原理图

（2）激光再流焊的特点

激光再流焊主要适用于军事电子设备中，它利用激光的高能密度进行瞬时微细焊接，并且把热量集中到焊接部位进行局部加热，对元器件本身、PCB 和相邻器件影响很小，同时还可以进行多点同时焊接。

激光焊接能在很短的时间内把较大能量集中到极小表面上，加热过程高度局部化，不产生热应力，热敏性强的元器件不会受到热冲击，同时还能细化焊接接头的结晶粒度。激光再流焊适用于热敏元器件、封装组件及贵重基板的焊接。

该方法显著的优点是：加热高度集中，减少了热敏元器件损伤的可能性；焊点形成非常迅速，降低了金属间化合物形成的机会；与整体再流法相比，减小了焊点的应力；局部加热，对 PCB、元器件本身及周边的元器件影响小；在多点同时焊接时，可使 PCB 固定而激光束移动进行焊接，易于实现自动化。激光再流焊的缺点是初始投资大，维护成本高，可以作为其他方法的补充，但不可能完全取代其他焊接方法。

5.4.4 通孔再流焊

随着电子产品向小型化、高组装密度方向发展，电子组装技术也以表面贴装技术为主。但在一些电路板中仍然会存在一定数量的通孔插装元器件，形成表面组装元器件和通孔插装元器件共存的混装电路板。传统组装工艺对于混装电路板的组装工艺是先使用表面贴装技术完成表面贴装器件的焊接，再使用通孔插装技术插装通孔元器件，最后通过波峰焊或手工焊来完成 PCB 板的组装。其主要工艺步骤如图 5-48 所示。

图 5-48 混装电路板传统组装主要工艺图

采用传统组装工艺组装混装电路板的主要缺点是必须要为使用极少的通孔插装元件的焊接增加一道波峰焊接的工序，可以采用通孔再流焊技术解决以上缺点。通孔再流焊技术是将焊膏印刷到电路板上，然后在贴片后插装通孔插装元器件，最后表面组装元器件和通孔插装元器件共同通过再流焊炉，一次性完成焊接的组装技术，主要工艺步骤如图 5-49 所示。

通孔再流焊接技术是将插装元件焊接结合到表面组装焊接工艺中的一种工艺方法，可以

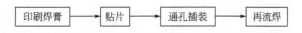

图 5-49　混装电路板通孔再流焊主要工艺图

在混装电路板上一次完成所有元器件的焊接，这样既可以减少一次焊接环节，使 PCB 板组件和器件受到的热冲击减少一次，减少工序提高生产效率，又可以节省波峰焊炉的设备成本。

（1）通孔再流焊材料的选择

通孔再流焊可以选用锡铅 Sn63/Pb37 共晶焊膏，尽量选择焊料粉末直径较小且活性较好的新焊膏。印制电路板选用环氧树脂玻璃纤维布覆铜板，厚度为 1.6mm。因为要采用锡铅再流焊接工艺，要求插装元器件必须能够耐高温，因此必须选择能够在 235℃ 的高温下承受 70s 以上的通孔插装元器件。

（2）通孔再流焊印刷焊膏

通孔再流焊技术的关键问题在于通孔焊点所需焊膏量比表面贴装焊点所需焊膏量要大，而采用传统再流工艺的焊膏印刷方法不能同时给通孔元器件及表面组装元器件施放合适的焊膏量，通孔焊点的焊料量通常不足，因此焊点强度将会降低。可以通过下面两种不同工艺完成印刷。

① 一次印刷工艺　为了解决通孔元器件及表面组装元器件焊膏需求量不同的问题，可以采用局部增厚模板进行一次印刷，如图 5-50 所示。

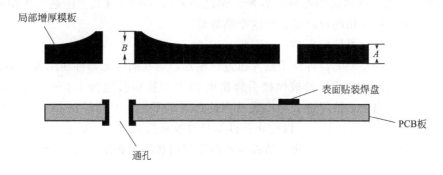

图 5-50　通孔再流焊局部增厚模板

采用局部增厚模板需要使用手动印刷焊膏的方式，而刮刀则要采用橡胶刮刀，印刷工艺与传统 SMT 印刷一致。通常局部增厚模板中参数 $A = 0.15mm$，$B = 0.35mm$ 的厚度能够满足通孔再流焊各焊点焊膏量的要求。由于局部增厚模板使用橡胶刮刀，橡胶刮刀在压力下形变较大，因此印刷后会出现焊膏图形有凹陷的缺陷。

② 二次印刷工艺　一次印刷工艺使用局部增厚模板和橡胶刮刀完成印刷，然而对于一些引线密度较大而引线直径特小的混装电路板，采用局部增厚模板一次性印刷焊膏的工艺无法满足印刷质量的要求，就必须使用二次印刷焊膏工艺，如图 5-51 所示。首先通常采用 0.15mm 厚的第一级模板印刷表面组装元器件的焊膏，再用 0.3～0.4mm 厚度的第二级模板印刷通孔插装元器件的焊膏。为了防止第二次印刷不至于影响第一次已经印刷在表面贴装焊盘上的焊膏，需要在第二次印刷用模板的背面正对表面贴装焊盘处刻蚀出深度为 0.2mm

的凹槽。

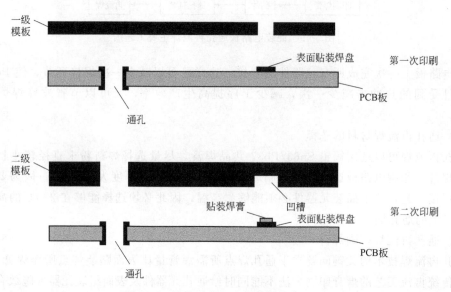

图 5-51　通孔再流焊二次印刷焊膏工艺

　　无论采用一次印刷工艺还是二次印刷工艺，当通孔插装元器件采用通孔再流焊所使用的焊料质量为采用波峰焊所使用的焊料质量的 80％时，焊点与采用波峰焊形成焊点强度是相当的，但是如果通孔插装元器件的焊料质量低于这个临界量，则形成的焊点强度达不到标准。把 80％定义为通孔再流焊焊料临界量，无论是采用一次印刷工艺还是二次印刷工艺都要保证通孔再流焊所使用的焊料量大于这个临界量。

　　（3）通孔再流焊元器件的安装

　　混装电路板中的贴装元器件使用贴片机进行贴片，通孔插装元器件使用人工插装。通孔插装元器件插装时要求元器件的被焊接引脚超出 PCB 焊接面长度为 1.0～1.5mm，过长的引脚会在插装时带出更多的焊膏，导致通孔内的焊膏量不足；元器件和 PCB 面之间应预留一定高度，高度为 0.5mm 左右，以防止器件本身对焊膏造成挤压。插装元器件插入焊接孔后，通过再流炉时，由于焊膏熔化元器件易出现歪斜的状况，如图 5-52 所示。

图 5-52　再流焊中焊膏熔化元器件易歪斜

　　可以通过使用固定治具来保证焊接过程中元器件始终垂直于电路板，如图 5-53 所示。

　　（4）通孔再流焊温区设置

　　以九温区的再流焊炉为例，通过对再流焊炉九个温区温度参数的设置，将再流焊炉划分成四大功能区，分别是预热区、加温区、回流区和冷却区。将混装电路板放入已经设置好温

图 5-53　使用固定治具

区温度的再流焊炉，电路板依次经过四个功能区即可完成焊接。九温区的再流焊炉参数设置如表 5-5 所示。

表 5-5　九温区的再流焊炉参数设置表

温区	温区 1	温区 2	温区 3	温区 4	温区 5	温区 6	温区 7	温区 8	温区 9
上温区	125℃	145℃	155℃	165℃	170℃	190℃	200℃	220℃	235℃
下温区	125℃	145℃	155℃	165℃	170℃	190℃	200℃	215℃	230℃
传送链条速度：0.72m/min									

第6章

清 洗

6.1 污染物的种类

随着现代电子产品快速地向短、小、轻和薄等方向发展及产品复杂程度的提高,在电子制造工艺过程中引入了越来越多的非极性污染物(松香/树脂和油等)、极性污染物(助焊剂活性剂和盐等)及颗粒状污染物,如果这些污染物得不到及时有效的清除,会直接造成印制板和元器件表面漏电、短路、断路或形成腐蚀导致失效,必然会影响到工艺的顺利实施或产品的质量和可靠性。因此,必须在工艺实施的许多环节导入清洗工序,使用清洗剂及配套的清洗设备。

清洗的主要目的包括以下几点。

① 防止由于污染物对元器件、印制导线的腐蚀所造成的表面组装组件短路等故障的出现,提高组件的性能和可靠性。

② 避免由于 PCB 上附着离子污染物等物质所引起的漏电等电气缺陷的产生。

③ 保证组件的电气测试可以顺利进行,大量的残余物会使得测试探针不能和焊点之间形成良好的接触,从而使测试结果不准确。

④ 使组件的外观更加清晰美观,同时也为后道工序的进行提供了保证。

常见污染物的类型和来源如表 6-1 所示。

表 6-1 常见污染物的类型和来源

污染类型	来源
有机化合物	焊剂、焊接掩膜、编带、指印
无机难溶物	光刻胶、焊剂剩余物
有机金属化物	焊剂剩余物
可溶无机物	焊剂剩余物、酸、水
颗粒物	空气中的物质、有机物残渣

一般而言,可以将这些不同类型的污染物分为极性污染物、非极性污染物和微粒状污染物三种。

① 极性污染物。是指在一定条件下可电离为离子的物质,其分子具有偏心的电子分布。卤化物、酸及其盐都是极性污染物,它们主要来自于助焊剂中的活化剂。当极性污染物的分子分离时,会产生正的或负的离子。这种离子是良好的导体,能引起电路故障。在一定电压

作用下，这种离子会向相反极性的导体迁移，同时由于极性污染物自身的吸湿性，它吸收水分并在空气中二氧化碳的作用下加速自身的溶解。这些离子载体的连锁反应会产生导电效应，造成 PCB 导线的腐蚀。

② 非极性污染物。是指没有偏心电子分布的化合物，不会分离成离子，也不带电流，它们主要是指助焊剂中残留的有机物本身的残渣、波峰焊锡槽所用的防氧化油、残留胶带和浮油等。一般情况下，非极性污染物是绝缘体，不会产生腐蚀和电气故障。但由于其本身具有较大黏性，会吸附灰尘，因此会影响可焊性，如果其覆盖在焊点上还有可能会妨碍对焊点的电测试。

需要注意的是，大多数残留污染物是非极性物质和极性物质的混合物。

③ 微粒状污染物。主要来源于空气中的物质、有机物残渣等。尘埃、烟雾、静电粒子等都是微粒状污染物，它们同样会对印制电路板组件的性能造成损害。

6.2　清洗剂

（1）清洗机理

在印制电路板组件中，污染物和组件之间的结合或附着主要有三种方式，分别是分子与分子之间的结合，也称物理键结合；原子与原子之间的结合，也称化学键结合；污染物以颗粒状态嵌入诸如焊接掩膜或电镀沉积的材料中，即所谓的"夹杂"。

清洗机理的核心就是破坏污染物与印制电路板之间的化学键或物理键的结合力，从而实现将污染物从组件上分离出去的目的。由于这个过程是吸热反应，因此必须供给足够的能量方可达到上述目的。

采用适当的溶剂，通过污染物和溶剂之间的溶解反应和皂化反应提供能量，就可破坏它们之间的结合力，使污染物溶解在溶剂中，从而达到去除污染物的目的。

另外，还可以采用特定的水去除水溶性助焊剂给组件留下的污染物。

（2）清洗剂的选择

由于印制电路板组件在焊接后被污染的程度不同、污染物的种类不同及不同产品对组件清洗后的洁净度的要求不同，因此，可选用的清洗剂的种类也很多。那么，如何来选择合适的清洗剂呢？下面就来介绍一些对清洗剂的基本要求。

① 润湿性。一种溶剂要溶解和去除表面组装组件上的污染物，首先必须能润湿被污染的 PCB，扩展并润湿到污染物上。

润湿角是决定润湿程度的主要因素，最佳的清洗情况是 PCB 自发地扩展，出现这种情况的条件是润湿角接近于 0°。

② 毛细作用。润湿能力佳的溶剂不一定能保证有效地去除污染物，溶剂还必须易于渗透、进入和退出这些细狭空间，并能反复循环直至污染物被去除。即要求溶剂具有很强的毛细作用，以便能渗入这些致密的缝隙中。常用清洗剂的毛细渗透率如表 6-2 所示。由表可知，水的毛细渗透率最大，但其表面张力大，所以难以从缝隙中排出，致使清洗水的交换率低，难以有效清洗。含氟烃混合物的毛细渗透率虽然较低，但表面张力也低，所以综合考虑其两种性能，这类溶剂对于组件污染物的清洗效果较好。

表 6-2　常用清洗剂的毛细渗透率

溶剂	温度/℃	毛细渗透率
含氟烃混合物	25	26.4
含氯烃混合物	25	31.4
水	25	40.4
含氟烃混合物	40	26.0
含氯烃混合物	73	40.34
水	70	112.7

③ 黏度。溶剂的黏性也是影响溶剂有效清洗的重要性能。一般来说，在其他条件相同的情况下，溶剂的黏度高，在表面组装组件上缝隙中的交换率就低，这意味着需要更大的力才能使溶剂从缝隙中排出。因此，溶剂的黏度低有助于它在 SMD 的缝隙中完成多次交换。

④ 密度。在满足其他要求的条件下，应采用密度高的溶剂来清洗组件。这是因为，在清洗过程中，当溶剂蒸气凝聚在组件上的时候，重力有助于凝聚的溶液向下流动，提高清洗效果；对于水平放置的组件，溶剂密度越高，溶剂在组件上的扩展越均匀，有利于改善清洗质量。另外，溶液密度高还有利于减少其向大气的散发，从而节省了材料，降低了运行成本。

⑤ 沸点温度。清洗温度对清洗效率也有一定的影响。在多数情况下，溶剂温度都控制在其沸点或接近沸点的温度范围。不同的溶剂混合物有不同的沸点，溶剂温度的变化主要影响它的物理性能。蒸气凝聚是清洗周期的重要环节，溶剂沸点的提高允许获得较高温度的蒸气，而较高的蒸气温度会导致更大量蒸气凝聚，可以在短时间内去除大量污染物。这种关系在联机传送带式波峰焊和清洗系统中最重要，因为清洗剂传送带的速度必须与波峰焊传送带的速度相一致。

⑥ 溶解能力。在清洗表面组装组件时，由于元器件与基板之间、元器件与元器件之间及元器件的 I/O 端子之间的距离非常微小，导致只有少量溶剂能接触器件底下的污染物。因此，必须采用溶解能力高的溶剂，特别是要求在限定时间内完成清洗时，如在联机传送带清洗系统中要这样考虑。但要注意到，溶解能力高的溶剂对被清洗零件的腐蚀性也大。多数焊膏和双波峰焊中采用松香基焊剂，所以，在比较各种溶剂的溶解能力时，对松香基焊剂剩余物要特别重视。

⑦ 臭氧破坏系数。随着社会的不断进步，人们的环保意识不断增强，因此，在评价清洗剂清洗能力的同时，也应考虑到其对臭氧层的破坏程度。为此，引入了臭氧破坏系数（ODP）这个概念，现在是以 CFC-113（三氟三氯乙烷）对臭氧的破坏系数为基准，即 $ODP_{CFC-113}=1$。

⑧ 最低限制值。最低限制值表示人体与溶剂接触时所能承受的最高限量值，又称为暴露极限。操作人员每天工作中不允许超出该溶剂的最低限制值。

在选择清洗剂时，除考虑上述性能外，还应该兼顾经济性、操作性及与设备的兼容性等因素。

（3）清洗剂的发展

从清洗剂的特点来考虑，人们常选用三氯三氟乙烷（CFC-113）和甲基氯仿作为清洗剂的主体材料。CFC-113 具有脱脂效率高，对助焊剂残余物溶解力强，无毒、不燃不爆，易挥发，对元器件和 PCB 无腐蚀及性能稳定等优点。较长时间以来，它一直被视为印制电路板组件焊后清洗的理想溶剂。

但是近年来，人们经研究发现 CFC-113 对高空臭氧层有破坏作用，为了避免地球环境被破坏，现在已经研制出了 CFC 的替代品，主要有以下三种。

① 改进型的 CFC。这种溶剂是在氯氟烃分子中引入了氢原子，代替了部分氯原子，以促进其可以在大气中迅速分解，减轻对臭氧层的损害，据测算，大概只有 CFC 的十分之一。这种 CFC 的替代溶液用 HCFC 表示。

② 半水清洗溶剂。其特点是既能溶解松香，又能溶解于水中，主要有萜烯类溶剂和烃类混合物溶剂。萜烯类溶剂的主要成分是烃和有机酸，它可以生物降解，不会破坏臭氧层，无毒、无腐蚀，对助焊剂残余物有很好的溶解能力。烃类混合物溶剂的主要成分是烃类混合物，并含有极性和非极性成分，提高了对各种污染物的溶解能力。半水清洗剂是目前被广泛认为的最有希望的替代溶剂。

③ 水清洗剂。其成分是极性的水基无机物质，通常采用皂化剂跟焊接剩余物发生"皂化反应"，生成可溶于水的脂肪酸盐，然后再用去离子水漂洗。这种清洗材料是替代 CFC 溶剂清洗的有效途径，主要用于低密度组件的清洗。

目前，清洗剂正在继续向着无毒性、不破坏大气臭氧层、对自然环境不具有破坏作用、不会产生新的公害、能高效清洗高密度表面组装组件的方向发展。

6.3　清洗方法及工艺流程

印制电路组件的清洗方法大多以清洗时所用溶液介质的性质来分类，主要分为溶剂清洗法、水清洗法和半水清洗法三类。

6.3.1　溶剂清洗法

（1）批量式溶剂清洗工艺

批量式清洗工艺又称为间歇式清洗，其主要工艺流程为：将欲清洗的印制电路组件置于清洗机的蒸气区，由于蒸气区四周设有冷凝管，当位于蒸气区下部的溶剂被加热而变成蒸气状态并上升至冷却的组件表面时又被冷凝成溶剂，并与组件表面的污染物作用后随液滴下落而带走污染物。被清洗组件在蒸气区停留 5～10min 之后，再用溶剂蒸气经冷凝而回收到的洁净液对组件进行喷淋，冲刷污染物。一直停留在蒸气区内的组件当其表面温度达到蒸气温度时，其表面不再产生冷凝液，此时组件已洁净干燥，可以取出。这种清洗方法清洗的组件洁净度高，适合小批量生产、印制电路组件污染不严重而洁净度要求较高的场合使用。它的操作是半自动的，溶剂蒸气会有少量泄漏，对环境有影响。

批量式溶剂清洗工艺的要点包括以下几个方面。

① 煮沸槽中应容纳足量的溶剂，以促进均匀、迅速地蒸发，还应注意从煮沸槽中清除清洗后的剩余物。

② 在煮沸槽中设置有清洗工作台，以支撑清洗负载；要使污染的溶剂在工作台水平架下面始终保持安全高度，以便使装清洗负载的筐子上升和下降时，不会将污染的溶剂带进另一溶剂槽中。

③ 溶剂罐中要充满溶剂，以使溶剂总是能流进煮沸槽中。

④ 当设备启动之后，应有充足的时间形成饱和蒸气区，并进行检查，确信冷凝蛇形管达到操作手册中规定的冷却温度，然后再开始清洗操作。

⑤ 根据使用量，周期性地用新鲜溶剂更换煮沸槽中的溶剂。

（2）连续式溶剂清洗工艺

连续式清洗工艺适用于大批量和流水线生产，清洗质量比较稳定，由于操作是全自动的，因此不受人为因素影响。另外，连续式清洗工艺中，可以加入高压倾斜喷射和扇形喷射的机械去污方法，特别适用于表面组装电路板的清洗。

① 连续式溶剂清洗技术的特点。连续式清洗机一般由一个很长的蒸气室构成，内部又分成几个小蒸气室，以适应溶剂的阶式布置、溶剂煮沸、喷淋和溶剂储存，有时还把组件浸没在煮沸的溶剂中。通常，把组件放在连续式传送带上，根据表面组装组件的类型，以不同的速度运行，水平通过蒸气室。溶剂蒸馏和凝聚周期都在机内进行，清洗程序、清洗原理与批量式清洗类似，只是清洗程序是在连续式的结构中进行的。

采用连续式清洗技术清洗表面组装组件的关键是选择满意的溶剂和最佳的清洗周期。

② 连续式溶剂清洗系统的类型。连续式清洗机按清洗周期可分为以下三种类型。

·蒸气—喷淋—蒸气周期。这是在连续式溶剂清洗机中最普遍采用的清洗周期。组件先进入蒸气区，然后进入喷淋区，最后通过蒸气区送出。在喷淋区从底部和顶部进行上下喷淋。这种类型的清洗机常采用扁平、窄扇形和宽扇形等喷嘴相结合，并辅以高压、喷射角度控制等措施进行喷淋。

·喷淋—浸没煮沸—喷淋周期。采用这类清洗周期的连续式溶剂清洗机主要用于难清洗的表面组装组件。要清洗的组件先进行倾斜喷淋，然后浸没在煮沸的溶剂中，再倾斜喷淋，最后排除溶剂。

·喷淋—带喷淋的浸没煮沸—喷淋周期。采用这类清洗周期的清洗机与第二类清洗机类似，只是在煮沸溶剂上面附加了溶剂喷淋。有的还在浸没煮沸溶剂中设置喷嘴，以形成溶剂湍流。这些都是为了进一步强化清洗作用。

（3）沸腾超声波清洗工艺

沸腾超声波清洗工艺也是适用于表面组装组件焊后清洗的技术之一，其在替代CFC的清洗方法中可适用于多种溶剂，并能显著地提高清洗效果。

① 超声波清洗的原理。超声波清洗的基本原理是"空化效应"（Cavitation Effect），当高于20kHz的高频超声波通过换能器转换成高频机械振荡传入清洗液中时，超声波在清洗液中疏密相间地向前辐射，使清洗液流动并产生数以万计的微小气泡，这些气泡在超声波的负压区形成、生长，而在正压区迅速闭合（熄灭），气泡闭合时形成约1000个大气压力的瞬时高压，就像一连串的小"爆炸"，不断地轰击被清洗物表面，并可对被清洗物的细孔、凹位或其他隐蔽处进行轰击，使被清洗物表面及缝隙中的污染物迅速剥落。然后再用溶剂喷淋被清洗组件，冲刷污染物，最后对清洗组件进行干燥处理。

② 沸腾超声波清洗的优点。效果全面，清洁度高；清洗速度快，提高了生产率；不损坏被清洗组件表面；减少了人手对溶剂的接触机会，提高了工作安全度；可以清洗其他方法达不到的部位。

但同时，由于超声波具有一定的穿透能力，往往会透过器件的封装进入器件内部而破坏晶体管和集成电路的焊点。因此，世界上很多国家都明确规定军用电子产品不得使用沸腾超声波清洗。我国 GJB 3243—1998 军标也规定军用电子产品不允许用超声波清洗印制电路组件。

6.3.2 水清洗法

根据印制电路组件所用助焊剂种类不同，水清洗工艺又可分为皂化水清洗和净水清洗。

（1）皂化水清洗工艺

对于采用松香助焊剂焊接的印制电路组件，应采用皂化水清洗工艺。这是因为，松香中的主要成分松香酸不溶于水，而必须以水为溶剂，在皂化剂的作用下，将松香变成可溶于水的松香脂肪酸盐，然后在高压水喷淋下，才可以去除松香脂肪酸，最后再用净水清洗才能达到清洗目的。其工艺流程如图 6-1 所示。

图 6-1　皂化水清洗工艺流程图

皂化水清洗工艺可以去除的污染物范围较广，并且可以根据所用的助焊剂选择合适的皂化剂进行清洗，针对性强。但它的清洗效果不如 CFC 理想，同时，皂化剂及其残渣往往又带来新的污染，影响印制电路组件的性能和质量。另外，皂化水清洗工艺对于非松香类的助焊剂残余物的清洗效果不稳定。

（2）净水清洗工艺

净水清洗就是清洗时洗涤和漂洗都采用净水或纯水。相对于皂化水清洗工艺，净水清洗主要适用于采用水溶性助焊剂进行焊接的印制电路组件。这种清洗方法非常简单，其工艺流程图如图 6-2 所示。

图 6-2　净水清洗工艺流程图

净水清洗工艺操作简单，成本低，但水溶性助焊剂质量不够稳定，工艺不易控制，在实际生产中使用较少。

6.3.3 半水清洗法

（1）半水清洗的原理

半水清洗是介于溶剂清洗和水清洗工艺之间的一种清洗方法，即先用溶剂清洗组件，再用水进行漂洗，最后烘干清洗的组件。半水清洗剂是其中的关键，其既能溶解松香，又能溶解在水中。清洗时，它首先快速地溶解组件上的松香残余物，然后再用水清洗组件，溶剂又与水互溶，此时松香残余物就会脱离组件而浮在水中，实现去除污染物的目的。

（2）半水清洗技术的特点

半水清洗先用萜烯类或其他半水清洗溶剂清洗焊接好的表面组装组件，然后再用去离子水漂洗。采用萜烯类半水清洗溶剂的半水清洗工艺流程如图 6-3 所示。

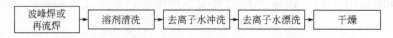

图 6-3　半水清洗工艺流程图

由于萜烯类半水清洗溶剂对电路组件有轻微的副作用，所以溶剂清洗后必须用去离子水漂洗。可以采用流动的去离子水漂洗，也可以采用蒸气喷淋漂洗工艺。在实际应用中，应根据需要选用不同的半水清洗溶剂和相应的工艺和设备。然而，不论采用哪种清洗溶剂和工艺，废渣和废水的处理是半水清洗中的一个重要环节，要使排放物符合环保的规定要求。另外，由于半水清洗中的溶剂价格比较贵，故在"去离子水冲洗"步骤后采用溶剂与水的分离技术将溶剂提取出来，实现溶剂的循环使用。

6.3.4　各种清洗方法的性能对比

几种清洗方法的性能比较如表 6-3 所示。

表 6-3　几种清洗方法的性能比较

清洗方法	优点	缺点
传统 CFC 清洗	①现有配方 ②用户熟悉的蒸气清洗 ③适合小批量清洗系统 ④产品呈干燥性 ⑤与产品、元件有良好的相容性 ⑥无易燃危险、低毒	①消耗臭氧 ②使全球气候变暖 ③易挥发性有机化合物 ④短期方法，很快会被废止
HCFC 清洗	①接近于 CFC 配方 ②产品呈干燥性 ③与产品、元件有良好的相容性 ④无易燃危险、低毒	①易挥发性有机化合物 ②缺少使用经验 ③消耗臭氧，同样会被废止
水清洗	①有广泛的使用经验 ②适用于批量和在线系统 ③较高的活性，增强了工艺灵活性 ④既可选用水溶性助焊剂，又可选用皂化的松香助焊剂 ⑤无易燃危险、低毒 ⑥排出物可以实现天然降解	①由热风烘干，耗能 ②对 SMT 组件需采用高压喷射 ③批量系统中，高压喷射较困难 ④必须软化水 ⑤对水的纯度要求很高 ⑥具有污水处理问题
半水清洗	①对松香助焊剂有很好的溶解力 ②当溶剂变脏时，溶解力保持不变 ③适合于批量和在线系统 ④低毒 ⑤有利于环境保护	①要求烘干组件，能源昂贵 ②对 SMT 组件需要喷射清洗 ③有易燃的可能 ④离子溶解力较低 ⑤有异味 ⑥具有污水处理问题

6.4　清洗设备

对电子产品进行清洗时，除了需要使用合适的清洗剂进行化学清洗外，最关键也很重要的一点就是必须采用某种合适的物理清洗方法，采用合适的清洗设备，才能取得最优化的清洗效果，得到环保节能的清洗解决方案。

（1）SMT模板清洗机

SMT模板清洗机是为了符合日常SMT模板清洗的需求，甚至包括无框模板及塑胶模板的清洗需求，而设计的高效清洗设备，可高效清洗模板微细间距开口（≤0.1mm）及各种无铅锡膏。如图6-4所示，模板浸没在清洗剂中，通过垂直方向超声波的作用，可以有效地在几分钟内清洗干净。通过嵌套的过滤器可以不断地过滤污物以使清洗剂保持在高质量的清洗状态。SMT模板清洗机由于使用的清洗剂无闪点，低VOC含量，并且可以高效分离锡膏、SMT胶及助焊剂残留，加之清洗剂本身与设备配套的可循环过滤的特点，能满足当前对清洗工艺经济性及环保性的需求。

（2）回转喷淋清洗机

回转喷淋清洗机如图6-5所示，在运行中工件随清洗篮旋转，同时喷淋系统在密闭的腔室里，高压喷射加温的清洗液，可以使工件无死角全方位得到清洗，大流量风机可将工件快速吹干；该清洗机特别适用于SMT设备维护清洗、波峰焊及回流焊夹具等清洗。

图6-4　SMT模板清洗机　　　　　　　　　图6-5　回转喷淋清洗机

（3）通过式毛刷清洗机

通过式毛刷清洗机如图6-6所示。通过式毛刷清洗机是专为波峰焊后助焊剂清除设计的，代替人工刷洗。通过式毛刷清洗机将PCBA传输和毛刷清洗及水基清洗技术相结合，根据要求可选径向及轴向清洗方式，经过多道刷洗的流程，能高效清除焊后PCB上的助焊剂；不会润湿正面元器件，可接入波峰焊后，实现全自动在线清洗。PCBA通过式毛刷清洗机结构如图6-7所示。

通过式毛刷清洗机清洗PCB的工艺为：毛刷清洗→风切→毛刷漂洗→毛刷二次漂洗→风切→远红外烘干。

① 毛刷清洗　PCB在传输机构上匀速连续行进，首先进入毛刷清洗工位，此工位的循环过滤系统不断把过滤后的清洗液喷射到盘形毛刷的上端面，PCB经过此工位的毛刷

图 6-6　通过式毛刷清洗机

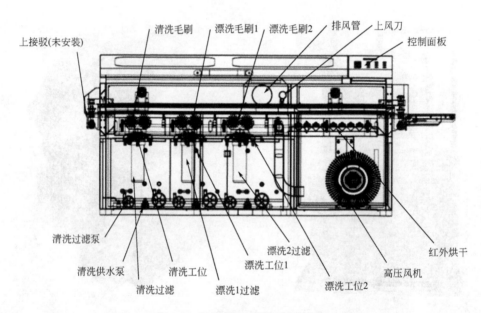

图 6-7　通过式毛刷清洗机结构图

时，不断旋转的毛刷会对 PCB 进行双向刷洗，同时在清洗液的作用下，PCB 可以得到初步清洗。

②一次风切　在毛刷清洗工位和毛刷漂洗工位之间有上下两排风刀，当 PCB 经过时，其表面多余的清洗液就被吹掉，可以防止串液，同时可以保证正面元器件不被润湿。

③毛刷漂洗　在毛刷漂洗工位，此工位将去离子水喷射到盘形毛刷的上端面，PCB 经过此工位的毛刷时，不断旋转的毛刷会对 PCB 进行双向刷洗，PCB 得到初步漂洗。

④毛刷二次漂洗　在毛刷二次漂洗工位，此工位把过滤后的去离子水喷射到盘形毛刷的上端面，PCB 经过此工位的毛刷时，不断旋转的毛刷会对 PCB 进行双向刷洗，PCB 得到最彻底的漂洗。

⑤二次风切　在毛刷二次漂洗工位和热风烘干工位之间有上下两排风刀，当 PCB 经过

时，其表面多余的去离子水就被吹掉，可以提高后续的烘干效率，同时可以保证正面元器件不被润湿。

⑥ 远红外烘干　PCB 经过烘干工位时，利用远红外石英加热管，可以使 PCB 得到高效快速烘干；烘干完成后，PCB 通过传输机构，输送到后续加工设备。

毛刷清洗和漂洗工位均配备了循环过滤系统，如图 6-8 所示，通过内部嵌套的自动循环两级过滤装置，可以不断地过滤清洗下来的污物，使液体始终保持在高水平的活性状态，这样不但保证了工作介质拥有高清洗负载能力，而且系统整体能耗低，起到节能、环保和降低运行成本的作用；PID 温控系统和高精度控制液体温度，使其保持稳定的活性度，实现清洗工艺的稳定性；液位控制器实现低液位报警。

图 6-8　毛刷清洗和漂洗工位、循环过滤系统及远红外烘干工位

通过式毛刷清洗机整体使用 PLC 控制，触摸屏显示，实现全自动和手动两种操作模式；PCB 传输机构运行平稳可靠，速度无级可调，保证与生产线完全协调；轴向盘形毛刷可对 PCB 进行双向刷洗，保证清洗无死角；特别适合焊后 PCB 底面清洗，不润湿正面元器件；也适合板片类零件清洗。

（4）模块化清洗设备

模块化清洗设备如图 6-9 所示，是为了满足客户清洗产品种类多和工序多变等特点开发的模块化清洗单元，主要有超声波模块、喷淋模块、喷流模块、鼓泡模块以及烘干模块。可以根据客户具体的工艺流程组合各种功能单元，以达到完美的清洗效果。它主要针对电子器件、电路板和电子产品零配件上残留的助焊剂、灰尘、油污、焊锡膏和贴片胶等的清洗。模块化清洗设备的原理图如图 6-10 所示。

图 6-9　模块化清洗设备

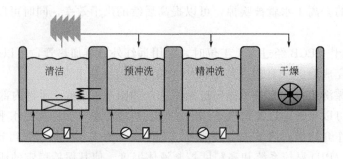

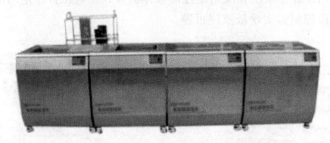

图 6-10　模块化清洗设备原理图

6.5　清洗效果评估方法

目前常用的组件洁净度检测方法主要有目测法、溶液萃取的电阻率检测法及表面污染物的离子检测法。

（1）目测法

目测法是借助光学显微镜的定性检测，其具体方法是：对清洗后的组件采用 5～10 倍的放大镜进行检查，观察组件表面特别是焊点四周是否有助焊剂残余物和其他污染物的痕迹。这种方法虽然简单易行，但无法检查元器件底部的污染情况，使用范围有限。

（2）溶液萃取的电阻率检测法

这也是对印制电路组件洁净度检测常用的方法之一，其原理为：用一种特制溶液冲洗待检测的印制板组件，如组件含有污染物，则冲洗过组件的溶液（收集液）因溶入了组件上的污染物而使其电阻率比溶液原始电阻率有所降低。下降的幅度与组件上污染物的数量成正比，从而可定量测出组件的洁净度，这一检测结果对衡量组件在服役后的电气可靠性具有重要意义。

（3）表面污染物的离子检测法

离子检测法又称离子污染度检测法，是衡量在已清洗过的组件上剩余的离子污染程度的方法。

这类测试方法的原理是：异丙醇和去离子水组成的测试溶液具有很低的导电率，将被测试组件浸没在测试溶液中之后，这种混合溶液溶解的表面极性污染物，将引起溶液导电率的增加，由仪器记录的导电率的变化将反映出溶解在溶液中的极性污染物的量值。由于溶液的导电率是溶解的离子浓度的线性函数，因此它比电阻率更容易解释。

第7章

检　　测

随着 SMT 的发展和组装密度的提高，PCB 组件的可靠性和高质量将直接关系到该电子产品是否具有高可靠性和高质量，为此先进的 SMT 检测可以将有关问题消除在出厂前。

SMT 检测的方法分类如图 7-1 所示，常用的检测是视觉检测（Visual Inspection）和在线测试。视觉检测主要包括自动光学检测（AOI，Automatic Optical Inspection）和自动 X 射线检测（AXI，Automatic X-ray Inspection）。在线测试主要包括针床式在线测试和飞针式在线测试。

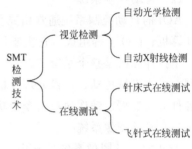

图 7-1　SMT 检测的方法分类

7.1　视觉检测

7.1.1　自动光学检测 AOI

7.1.1.1　自动光学检测工作原理

AOI 系统分析并处理 CAM 文件中的标准图像信息，控制设备的光学成像部件，将 PCB 板实物通过光学扫描的方式在计算机内部产生实物的扫描图像，并将标准图像与实物扫描图像通过各种对比逻辑算法进行分析判断分类和过滤，最终将实物 PCB 板的各种缺陷信息数据回馈给用户。

AOI 流程图如图 7-2 所示，检测时，AOI 设备通过摄像头自动扫描 PCB，将 PCB 上的元器件或者特征（包括印刷的焊膏、贴片元器件的状态、焊点形态及缺陷等）捕捉成像，通过软件处理与数据库中合格的参数进行综合比较，判断元器件及其特征是否合格，然后得出检测结论，诸如元器件缺失、桥接或者焊点质量等问题。

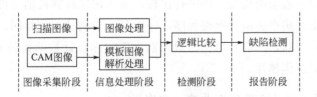

图 7-2　AOI 工作流程图

7.1.1.2　自动光学检测系统组成

AOI 系统是集精密机械、自动控制、光学图像处理、软件系统等软硬件相互协调工作的自动化设备，具体包含四大模块：精密机械驱动模块、电气控制模块、图像处理模块和软件系统。

（1）精密机械系统

AOI 的精密机械系统通常由交流伺服驱动电机、精密滚珠丝杆、精密直线导轨等组成。系统驱动软件会准确通过这些精密机械的运动，使 PCB 板传送到 CCD 及光源下进行扫描。现有些公司已经采用线性马达替代了交流伺服驱动电机和精密滚珠丝杆，这样扫描速度及效率大大提高，并且便于维修服务。

（2）自动控制系统

AOI 的自动控制系统通常由光栅尺、运动控制驱动器、运动控制卡、图像采集卡、主控计算机、I/O 卡等组成。它主要是完成 X-Y-Z 轴的精密运动以及电磁阀自动控制真空系统。主控计算机是整个系统的核心，实现整机数据的采集传送分析处理等，并发送各种指令控制，完成机械传动、图像处理及检测功能。运动控制卡完成 XYZ 轴运动信号的采集、传送各种运动数据、动作执行指令等功能。图像采集卡主要是完成 PCB 板的图像采集转化。

（3）光学图像系统

AOI 的光学图像系统通常由 CCD 线阵相机、聚集镜头、卤素或 LED 灯光源及图像采集卡等组成。根据所扫描的 PCB 板的线宽不同，CCD 线阵相机通常有 4k、8k、12k 等。CCD 线阵相机所采集的视频图像信号传送到图像采集卡上，由图像采集卡进行采集，通过主控计算机将视频图像处理后，将结果返回给主控程序，通过显示器对图像进行观察比较从而达到相应的控制。

（4）软件系统

AOI 的软件系统通常由运动控制、图像处理及算法三大部分组成。用户可以通过视窗界面控制 XYZ 轴运动、图像的识别及处理等。AOI 的软件系统的算法采用设计规则检验（DRC，Design Rule Checking）和图形识别两种方法。

① 设计规则检验 DRC 法按照一些给定的规则（如所有连线应以焊点为端点，所有引线宽度不小于 0.127mm，所有引线之间的间隔不小于 0.102mm 等）检查电路图形。这种方法可以从算法上保证被检验电路的正确性，同时具有制造容易、算法逻辑容易、处理速度快、程序编辑量小、数据占用空间小等特点，为此采用该检验方法较多。但是，该方法确定边界的能力较差。

② 图形识别法是将存储的数字化图像与实际图像比较。检查时，按照一块完好的印制电路板或根据模型建立起来的检查文件进行比较，或者按照计算机辅助设计中编制的检查程序进行。精度取决于分辨率和所用检查程序，一般与电子测试系统相同，但是采集的数据量大，数据实时处理要求高。然而，由于图形识别法用实际设计数据代替 DRC 中既定的设计原则，因而具有明显的优越性。

7.1.1.3　自动光学检测系统在 SMT 生产上的应用

AOI 可放置在印刷后、焊前、焊后不同位置处。

① AOI 放置在印刷后。可对焊膏的印刷质量做工序检测。可检测焊膏量是否适当、焊膏图形的位置有无偏移、焊膏图形之间有无粘连。

② AOI 放置在贴片机后、焊接前。可对贴片质量做工序检测。可检测元件贴错、元件移位、元件贴反（如电阻翻面）、元件侧立、元件丢失、极性错误及贴片压力过大造成焊膏图形之间粘连等。

③ AOI 放置在再流焊炉后，可做焊接质量检测。可检测元件贴错、元件移位、元件贴反（如电阻翻面）、元件丢失、极性错误、焊点润湿度、焊锡量过多、焊锡量过少、漏焊、虚焊、桥接、焊球（引脚之间的焊球）、元件翘起（立碑）等焊接缺陷。

7.1.1.4 自动光学检测系统特点

（1）优点

AOI 系统最大的优点是极短的测试程序开发时间和灵活性。现在的 AOI 系统采用了高级的视觉系统、新型的给光方式、增加的放大倍数和复杂的算法，从而能够以高测试速度获得高缺陷捕捉率。AOI 除了能检查出目检无法查出的缺陷外，AOI 还能把生产过程中各工序的工作质量以及出现缺陷的类型等情况收集、反馈回来，供工艺控制人员分析和管理。

从检测产品的角度，AOI 适用于采用高密度 PCB，如 5mil 线距，小间距如 0.4mm 芯片和小尺寸元器件如 0402、0201 规格的产品，典型的大批量产品有手机、笔记本电脑、汽车电子产品等。当电子产品的高密度、小型化成为发展趋势时，AOI 应用将越来越广泛。

（2）缺点

AOI 系统最大缺点是只能做外观检测，不能检测隐含的焊点，如无法对 BGA、CSP、PLCC、FC 等不可见的焊点进行检测；AOI 也不具备电路逻辑判断能力；AOI 对于空焊和同类组件的错件的检测是其弱项。

7.1.2 自动 X 射线检测 AXI

（1）自动 X 射线检测原理

X 射线的波长很短，范围约为 0.01～10nm。故 X 射线能穿透多种不透明的物质甚至各类金属等。物体对 X 射线的吸收与材料性质及厚度有关。当被检测的器件中存在着气孔、裂纹等缺陷时，相当于此缺陷部位的厚度减小，对 X 射线的吸收能力降低，因此穿透该缺陷部位后的 X 射线强度会比无缺陷的部位高。另外在被检测器件中若存在夹杂等缺陷，夹杂物材料与基体材料对 X 射线的吸收系数不同，则透过物体夹杂物与透过基体的 X 射线强度也会不同。X 射线从 X 光管中发出后，照射到被检测物体上，由于被检测物体各个部位材料性质及厚度不同，经过被检测物体之后的 X 射线强度也相应改变。

自动 X 射线检测（AXI，Automatic X-ray Inspection）的原理图如图 7-3 所示，X 射线穿过被检测物体后，打到图像探测器上，经过图像探测器转化为电信号，再通过 A/D 转换成为数字信号，传输到计算机中，然后用软件对数字信号进行分析、处理，从中找出缺陷。自动 X 射线检测焊点成像如图 7-4 所示。

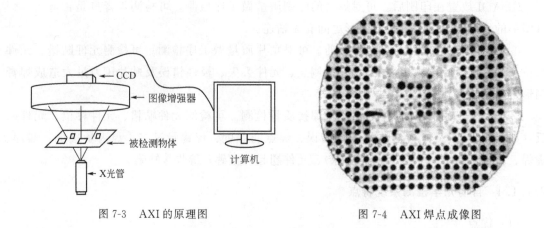

图 7-3　AXI 的原理图　　　　　　　　　图 7-4　AXI 焊点成像图

　　我们使用 AXI 成像，对焊点的分析变得相当直观，通过简单的图像分析算法便可自动且可靠地检测焊点缺陷，常见的自动 X 射线检测的不良现象见表 7-1。

表 7-1　不良现象表

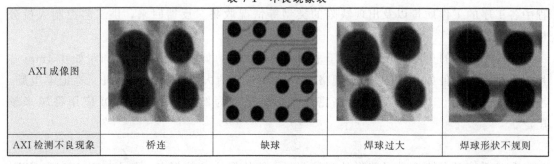

AXI 成像图				
AXI 检测不良现象	桥连	缺球	焊球过大	焊球形状不规则

　　AXI 技术已从以往的 2D 检测法发展到目前的 3D 检测法，3D 检测法成像比 2D 检测法成像更直观，如图 7-5 所示。

　　（2）自动 X 射线检测的特点

　　① 对工艺缺陷的覆盖率高，可检测的缺陷包括：虚焊、桥连、立碑、焊料不足、气孔及器件漏装等。

　　② 较高的检测覆盖度，可以对肉眼和在线测试检查不到的地方进行检查。比如对 BGA、CSP 等器件的隐藏焊点以及 PCB 内层走线断裂的检测。

　　③ 测试的准备时间短。

　　④ 能观察到其他测试手段无法可靠探测到的缺陷，如虚焊、空气孔和成型不良等。

　　⑤ 对双面板和多层板只需一次检查（带分层功能）。

　　⑥ 提供相关测量信息，用来对生产工艺过程进行评估。

　　⑦ AXI 技术也有局限性，不能测试电路电气性能方面的缺陷和故障。

7.1.3　自动光学检测和自动 X 射线检测结合应用

　　X 射线检测通常用在 AOI 检测不到的元器件，如 BGA 器件和嵌入式元件。通常一块 PCB 板上的绝大多数元器件的焊点都能用 AOI 检测，而 AOI 检测不到焊点的元器件可能只有几个，这些 BGA 器件和嵌入式元件的焊点就必须用 X 射线检测了。

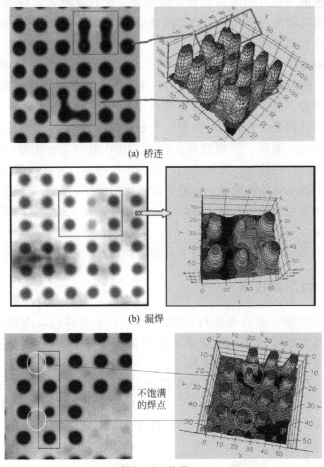

(a) 桥连

(b) 漏焊

不饱满
的焊点

(c) 焊点不充分饱满

图 7-5　3D 检测法与 2D 检测法成像对比

　　现在 BGA 的应用越来越多，市场对 BGA 的检测要求也越来越高，甚至要求 100％检测，但是目前在 PCB 的组装厂用的都是离线 X 射线检测，很少用到在线 X 射线检测，主要原因是在线 X 射线检测设备的价格较高，检测缺陷的能力较差，误判很多而且检测速度比较慢。

　　目前市场上也有一些测试机同时拥有 AXI 和 AOI 的功能，这种设备提升了检测速度，降低了误判率，提高了焊点缺陷判断能力，并且实现了在线检测，还节省了空间，缩短了生产线长度。

7.2　在线测试

　　在线测试（ICT，In-Circuit Test）是通过对在线元器件的电性能和电气连接进行测试来检查生产制造中的缺陷及元器件不良的一种标准测试手段。在线测试通过测试探针接触电路板表面分布的测试点来检测线路性能及所有零件的焊接情况，测试系统依据电路板的网络及印制板的设计文件，调用系统宏，生成测试程序，通过施加微弱的电信号，对电路板在线的单个元器件以及各电路网络进行系统测试的方法。

在线测试可以理解为是万用表的延伸，万用表一次只能测元器件的两个管脚，效率太低，在线测试一次可以测几百至几千个管脚的设备。此外在线测试主机的配用电脑还可以完成测试出问题的统计和归类的功能。

在线测试技术可以检查制成板上在线元器件的电气性能和电路网络的连接情况，并且它具有电路隔离功能，能够定量地对电阻、电容、电感、晶振等器件进行测量，对二极管、三极管、变压器、继电器、运算放大器、电源模块等进行自动测试，对中小规模的集成电路进行功能测试。元件类可检查出元件值的超差、失效或损坏等；对工艺类可检测出如焊接短路开路，元件插错、插反、漏装、管脚翘起、虚焊、PCB 短路、断线等故障。测试的故障直接定位在具体的元件、器件管脚、网络点上，故障定位准确，并将故障是哪个组件或开短路位于哪个点通过打印机或屏幕准确显示，能够快速维修不良品，采用程序控制的自动化测试操作简单，测试快捷迅速，单板的测试时间一般在几秒至几十秒，能高效的发现制造工艺的缺陷和元器件的不良。

在线测试技术主要有包含针床式在线测试技术和飞针式在线测试技术。

7.2.1　针床式在线测试技术

针床式在线测试借助针床夹具进行，被测 PCB 置于夹具内，由测试程序控制继电器矩阵的切换，利用真空吸附产生压力使夹具的弹簧顶针接触 PCB 测试点，并通过测试台内部的模拟开关网络连接测试系统完成检测。针床探针数可高达几千根，基本上所有节点均可通过针床连接，测试时间只取决于继电器闭合、断开时间，能有效适应大批量和定型产品的运转节奏。针床式在线测试的探针间距有 50mil、75mil、100mil 等，头型有尖、平、棱、冠、圆等，一般直径越小，针床的成本也越高。

图 7-6　针床式在线测试仪

如图 7-6 所示为一种用于双面测试的针床式在线测试仪，主要由控制系统、测量驱动及上、下测试针床（夹具）等部分构成。目前主要的厂家有安捷伦、泰瑞达、安硕等品牌。

针床式在线测试可以准确定位 PCB 的器件和工艺故障，具有极高的故障覆盖率，主要应用于前期产品测试和后期故障检测，尤其擅长对器件封装、焊接工艺和总线连接等疑难故障的检测。针床探针数可高达几千根，基本上所有节点都可以通过针床连接，治具只需接触印制板一次就可以完成全部检测，因此测试时间只取决于继电器吸合及断开时间，测试速度快，适用于大批量和定型产品的生产，能极大地提高生产效率，降低成本。

针床式在线测试也有不足之处。

① 针床夹具因为开发、制作和造价等问题，仅适合大批量和已经定型的印制板生产，不适合小批量多品种的产品生产，且具有一定使用生命周期，应用范围有限；

② 针床夹具探针的布局完全取决于印制板的设计，因此对于不同的产品必须分别制作针床夹具，编程调试周期长，投资较高。

7.2.2 飞针式在线测试技术

7.2.2.1 飞针在线测试技术原理

飞针在线测试也是一种用于生产过程的在线电性能测试技术，飞针在线测试仪的组成结构如图 7-7 所示，采用少量可移动的探针代替针床，探针由步进电机控制，可实现高速移动和精确定位，测试探针连接至测量单元。飞针式在线测试仪通常拥有 4～8 根探针，分布在板子的上下两侧，电机控制探针进行空间的三轴位移，将探针精确高速移动到测试点进行测试，目前的光栅尺可将位移坐标精确到微米级别。工作时通过探针接触被测电路的焊盘、器件引脚或接口，来对被测单元上的元件进行多种电气测量。

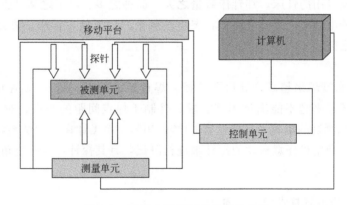

图 7-7 飞针在线测试仪组成结构图

典型的飞针式在线测试仪如图 7-8 所示，飞针式在线测试工作图如图 7-9 所示。测试作业时，根据预先编排的坐标位置程序，移动测试探针到测试点处与之接触，各测试探针根据测试程序对装配的元器件进行开/短路测试或元件测试。

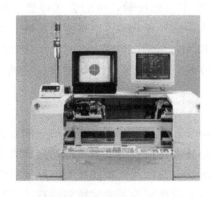

图 7-8 飞针式在线测试仪　　　　图 7-9 飞针式在线测试工作图

飞针式测试仪上安装有多根针，每根针都安装在适当的角度上，不会发生测试死角现象，能进行全方位角测试。因此，采用飞针式测试仪能大幅度地提高不良检出率。

7.2.2.2 飞针在线测试技术特点

飞针在线测试的测试效率低于针床在线测试，但飞针在线测试系统与针床在线测试相比，具有快速性、经济性、灵活性等优势。

（1）快速性

飞针在线测试不需要花费时间去开发针床夹具，只需要几个小时的编程就可以完成测试，这样大大缩短测试周期，具有快速性。

（2）经济性

针床在线测试所使用的测试探针受到 PCB 板焊盘间距越来越小的限制，用来测试的探针直径也越来越细。探针直径越细，价格越贵。另外，针对每种 PCB 板都要开发专用的针床，通用性差，增加了测试成本。而飞针在线测试不受 PCB 种类的限制，针对每种 PCB 板只需编制特定的测试软件即可，具有经济性。对于某些产品批量小、种类多的企业，如果针对每种电路板开发专用的针床，那针床数量之大、品种之多、成本之高可想而知。另外，针对某些研制阶段的电路板，因其电路板状态更改频繁，如果使用针床，势必造成大量浪费，即只使用几次便报废。

（3）灵活性

随着 PCB 板密度越来越高，导通孔孔径、焊盘越来越小，随着 BGA 的 I/O 数不断增加，针床在线测试越来越不能满足测试需求。受制于焊点间距的约束，对于一些高密度的 PCB 板，针床在线测试的覆盖率只能达到 60%～70%，而飞针在线测试系统是根据 PCB 板的网络逻辑关系，利用可任意移动的探针来进行测试，且其探针存在一定角度，测试覆盖率能达到 90% 以上，灵活性高。

7.2.2.3 飞针在线测试技术发展方向

飞针在线测试技术自问世以来，自身也在不断发展变化，不断改善自身缺点，在测试效率、测试精度、测试功能多样性等方面均有了很大进步，而其发展方向主要有以下几个方面。

（1）探针软着陆

因为测试探针与通路孔和测试焊盘上的焊锡发生物理接触，可能会在焊点上留下小凹坑。而对于某些客户来说，这些小凹坑可能会被认为是外观缺陷，造成拒绝接收。不过目前已经有一些飞针在线测试设备厂商已经研发出新技术，采用"软着陆"，即可避免在焊锡上留下明显凹坑。测试探针的控制系统采用软着陆方式，即在测试探针与测试点接触之前瞬间降速，把冲击减少到最低限度。

（2）单面测试过渡到双面测试

传统的飞针在线测试机一般采用单面测试，即飞针只位于被测电路板的一侧，在进行电路板测试时，要求操作员测试完一面，然后手动翻转电路板再测试另一面，这样大大降低了测试效率。目前，大部分的飞针在线测试厂家都能实现双面测试，即被测电路板的两侧均有飞行探针，可同时对电路板的双面进行并行测试，有效地减少了测试所需的移动步数，大大提高测试效率和覆盖率。

（3）功能多样化

传统的飞针在线测试主要是为测试裸板而设计，只能进行开路、短路、绝缘性等测试，功能相对单一，随着飞针在线测试技术的发展，飞针在线测试系统的功能也越来越强大。一台高端的飞针在线测试系统上集成了开路短路测试、元件值测量、IC 引脚开路测试（非接触式感应探针）、在线烧录功能、网络节点阻抗测试、电路反求功能、自动光学检测、边界扫描技术等等功能。某些飞针在线测试系统软件内集成了强大的元器件库，除了能对元器件静态特性进行测量外，还能进行动态测量如芯片逻辑等，对于电路板上存在的元器件故障，这是一个非常有用的故障定位手段。

（4）传动技术的发展

传统的飞针在线测试仪一般采用步进电机加丝杆的传动技术，随着使用时间的延长，势必造成机械磨损，导致测试精度下降。而目前已有厂家采用了线性发动机传动技术，线性发动机有着更高的精度和效率。有些飞针在线测试厂家甚至将基于线性电机的磁悬浮技术应用到飞针在线测试系统中，即探针的移动采用平面电机磁悬浮技术，从而为飞针在线测试系统带来更快的运行速度、更小的机械磨损、更长的使用寿命、更高的测试精准度。

（5）信息处理技术的发展

飞针在线测试仪的测试探针通过多路传输系统连接到驱动器和传感器来测试在测单元上的元件，每根飞针上都连接着各式电缆，这些电缆的存在势必带来信号衰减和干扰等问题，对某些精度要求较高的信号，很可能影响测试结果，导致飞针在线测试系统误测率升高。目前已有飞针在线测试厂家采取在每个飞针上安装小型的信号输出和测量模块，其好处为不需要冗长的电缆连接，可通过安装在飞针上的信号输出和测量模块直接给出激励信号和进行测量，信号更完整真实，从而保证更高的测试精度。

（6）飞针与针床结合的技术

对于一些元器件布置密度高、层数多、布线密度大、测试点距离小，且要求较高的测试效率的 PCB 板，如果单纯使用针床，因为受到焊点间距的限制，其测试覆盖率势必会降低，而如果单纯使用飞针测试，测试效率又不如针床测试高。因此，某些飞针厂家着力研究飞针与针床相结合的技术，这种飞针在线测试系统一般采用卧式结构，顶部使用可移动的探针进行测试，底部使用针床或磁性探针（不可移动）进行测试，保证测试覆盖率的同时追求更高的测试效率。

第8章

返　修

8.1　返修概述

返修是电子产品生产组装过程中不可缺少的工艺过程，电子产品组装焊接完成后会遇到各种问题，比如元器件故障、焊接错误等，就需要进行返修。返修通常是为了去除失去功能、引线损坏或排列错误的元器件，重新更换新的元器件，就是使不合格的电路组件恢复成与特定要求相一致的合格的电路组件。

为了满足电子设备更小、更轻和更便宜的要求，电子产品越来越多地采用精密组装微型元器件，如倒装芯片、CSP、BGA 等，新型封装器件对组装工艺提出了更高的要求，相应的给返修也来了很大的挑战。返修过程复杂，需要按工序执行，返修工艺流程图如图 8-1 所示。

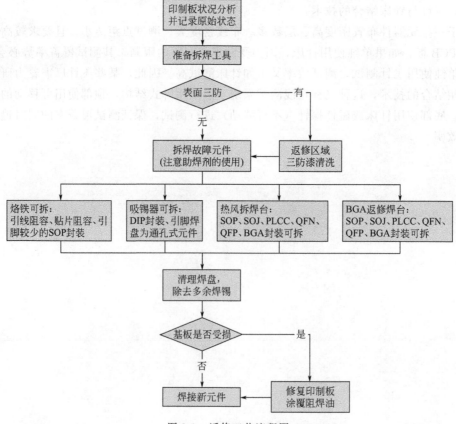

图 8-1　返修工艺流程图

8.1.1　返修电路板状况分析

首先应对返修的电路板状况有足够了解，才有利于选择合适的工具和方法。通常情况下，应对电路板的使用年限、板层数、焊盘质量、需拆卸元件的封装、表面三防状况、焊锡是有铅还是无铅、需修理区域敷铜情况、修理区域周边元件情况有所了解。

电路板随着使用年限的增加，整体性能可能会有所下降，特别要注意焊点是否有氧化锈蚀，焊盘是否牢固，并且比较早期的印制板，制作材料、工艺相对薄弱，在耐温形变、焊盘易脱落、无阻焊易粘连方面尤其要注意。此类印制板拆焊元件时，尽量避免大面积加温，且拆焊时间不宜过长，防止印制板变形、起泡和焊盘脱落。除电路板本身外，还应注意电路板三防和焊锡，返修前应用合适的溶剂清洗返修区域的三防，而焊锡需了解其是有铅或者无铅，便于控制返修时的加热温度。

8.1.2　元器件拆焊方法

（1）烙铁拆焊方法

两端或三端引脚式，如电阻、电容、二极管、三极管等，可采用烙铁逐一加热焊盘，将引脚从焊盘孔中拔出，同时，元件本体或者其他引脚根据需要朝一定方向弯曲。若确定不再需要相关元件的情况下，可将引脚剪断，再将引脚一一拆下，这是最基本简单的拆卸方法。烙铁还可以用来拆卸尺寸不大的两侧引线的贴片元件。采用稍大的刀形或者马蹄形烙铁头，在元件两侧引脚上加足量焊锡，用两把烙铁在两侧引脚快速移动，将所有焊锡熔化，往一侧推动元件，使得引脚脱离焊盘即可。还可以用镀银线将一侧引脚全部搭接，加速热量传导，更快地使焊锡熔化。

（2）吸锡器拆焊方法

通常情况下有手动吸锡器和电动吸锡器，首选电动吸锡器，电动吸锡器配备有不同规格的吸锡头，可根据焊盘和引脚大小进行选择，温度可调，且功率相对烙铁要大一些，特别适合 DIP 封装的拆卸。使用时，可用吸锡头在每个引脚处将焊锡吸走，使得引脚与焊盘孔脱离，从而卸下元件。使用过程中，可在加热焊盘吸锡过程中，用吸头轻轻摇晃引脚，加强效果，避免少量焊锡粘连引脚腿和焊盘孔，若少量锡不易吸出，可以再添加部分焊锡，重新吸锡。多引脚的集成电路，若不能肉眼确认焊锡是否吸尽，可用镊子拨动引脚，看引脚能否自由晃动，所有引脚都能自由晃动的情况下，将原件轻轻撬起，应避免生硬的拉扯焊盘，导致焊盘脱落。

（3）热风焊台拆焊方法

热风焊台可对电路板的某一区域进行加热，所以在加热区域内焊盘上的焊锡都可以熔化，焊锡熔化时，不管是插装元件还是贴片元件，都可以拆卸下来，在使用时要注意如下几点。

① 热风焊台加热电路板时，转动吹风头，先在较大区域内预热电路板，避免一开始就仅在拆焊区域加热，印制板受热不均，温差太大，发生形变或起泡损坏，预热一段时间后，再集中加热拆焊区域，转动吹风头，加热所有引脚，待焊锡熔化。

② 返修区周围有较近的其他元件时，应采用隔热胶带做好防护。防止误拆其他元件或者挪动位置。

③ 返修区域若存在敷铜，或者多层板存在内电层，在拆焊电源层和地层上连接的元件时，难度会加大，因为大面积的铜箔会极大加快热量的散失，此时应采取一定措施预热电路板，且拆卸温度、风力应适当升高。预热电路板可在烘箱内采用 50℃温度预热半小时后再实施拆卸。

8.1.3　三防漆和焊锡的处理

① 返修区域三防漆的清洗　返修前，最好先将返修区域的三防漆除去，否则影响加热还会发生粘连，焊锡熔化但元件被三防漆粘住，影响拆焊。可根据三防漆的种类选择合适的溶剂，反复涂覆到返修区域，浸润溶化，再用专门的金属刷，去除三防。

② 焊锡分为有铅和无铅，无铅焊锡相对有铅焊锡熔点高，采用不同工具，设置温度也有所不同，烙铁、吸锡器、热风焊台可在 300~350℃左右，根据熔锡情况增减。而 BGA 返修焊台，下部温度设定 240℃，上部温度有铅设定 270℃，而无铅设定 300℃，根据实际情况，上部温度可做适当增减。

8.2　返修过程

就整个 SMT 组件的返修过程而言，可以将其分为拆焊、器件整形、PCB 焊盘清理、贴放元器件、焊接及清洗等几个步骤。

（1）拆焊

该过程就是将返修器件从已固定好的 SMT 组件的 PCB 上取下，其最基本的原则就是不损坏或损伤被拆器件本身、周围元器件和 PCB 焊盘。加热控制是拆焊过程中的一个关键因素，焊料必须完全熔化，以免在取走元器件时损伤焊盘。

（2）器件整形

在对被返修器件进行拆焊之后，要想继续使用已拆下器件，必须对器件进行整形。一般情况下，拆下器件的引脚或焊球都会有不同程度的损伤，如细间距封装器件的引脚变形、BGA 的焊球脱落等情形。引脚变形的整理过程只能通过手工进行，除去除引脚上过量的焊锡外，还要使引脚间距保持与焊盘分布尺寸基本一致并不得弯折、相碰，同时要尽可能地保持较好的平整度。

BGA 取下之后需要进行锡球重整，该过程通常又称为植球。其重整过程可分为四个步骤：一是清理 BGA 上的焊盘及 PCB 焊盘表面的残余焊球或焊锡等物质；二是将配好的助焊剂均匀地涂敷到焊盘上；三是将已准备的与元器件焊球直径相对应的焊球颗粒手工移植到对应的焊盘上，通常借助专用的焊球模板；四是根据焊球、助焊剂温度要求将已完成植球的BGA 置于合适的温度氛围中焊好，以使焊球与焊盘紧密可靠地连接。

（3）PCB 焊盘清理

PCB 焊盘清理包括焊盘清洗和整平等工作。焊盘整平通常指已拆下器件的 PCB 焊盘表面整平。焊盘清理通常是利用焊锡清扫工具、扁头烙铁，辅以铜质吸锡带将残留于焊盘之上的焊锡去除，再以无水酒精或认可的溶剂擦拭去除细微物质和残余助焊剂成分。清理操作时，必须小心地保持吸锡带在烙铁嘴与焊盘之间，避免烙铁嘴与器件基板直接接触而损伤焊盘。

（4）贴放元器件

检查已印好焊膏的返修 PCB；利用返修工作站的元器件贴放装置，选择适当的真空吸嘴，固定好要进行贴放的返修 PCB；利用真空吸嘴吸附被贴装元器件，通过返修系统附带的视觉对位系统，将 PCB 与贴放臂进行预定位，确定器件极性或标志引脚位置；完成预定位后，手工操作贴放臂平稳下移，使得元器件各引脚或焊球直接紧密接触已涂敷焊膏的焊盘，放下被贴元器件，完成元器件贴放过程。

（5）焊接

返修的焊接过程基本可以归类为手工焊接及再流焊接过程，需要根据元器件及 PCB 布局特征、使用的焊接材料特性等进行周密考虑。手工焊接较为简单，主要用于小型元器件的返修焊接。

返修再流焊其整个过程有以下几个工艺要点。

① 返修再流焊的曲线应当与原始焊接曲线接近，热风再流焊曲线可分成四个区域：预热区、浸温区、回流区和冷却区。四个区域的温度、时间参数可以分别设定，通过与计算机连接，可以将这些程序存储和随时调用。

② 在再流焊过程中要正确选择各区域的加热温度和时间，同时应注意升温速度。一般在 100℃之前，最大升温速度不超过 6℃/s；100℃之后最大升温速度不超过 3℃/s；在冷却区，最大冷却速度不超过 6℃/s。因为过高的升温速度和降温速度都可能损坏 PCB 和返修元器件，这种损坏有时是肉眼不能观察到的。不同的元器件、不同的焊膏，应选择不同的加热温度和时间。如 CBGA 芯片的回流温度应高于 PBGA 的回流温度，90％Pb10％Sn 应较 37％Pb63％Sn 焊膏选用更高的回流温度。对于免洗焊膏，其活性低于非免洗焊膏，因此焊接温度不宜过高，焊接时间不宜过长，以防止焊锡颗粒的氧化。

③ 在热风再流焊时，PCB 板的底部必须能够加热。加热有两个目的：一是避免由于 PCB 板单面受热而产生翘曲和变形；二是使焊膏熔化时间缩短。对于大尺寸板返修 BGA，底部加热尤为重要。

（6）清洗

返修后的清洗一般为局部清洗，有两种方法：一是直接使用与焊接材料、助焊剂相匹配的溶剂清洗，这种方法清洗后可能仍然会有不清晰的印迹；二是采用清洗液兑水清洗，这个过程由于水成分的存在，往往在随后又要进行烘干处理，但洁净度较好，能够满足相关工艺标准的要求。

● 参考文献

[1] 杨清学.电子装配工艺.北京：电子工业出版社，2003.

[2] 韩光兴.电子元器件与使用电路基础.北京：电子工业出版社，2005.

[3] 吴懿平.电子组装技术.武汉：华中科技大学出版社，2006.

[4] 曹白杨.电子组装工艺与设备.北京：电子工业出版社，2007.

[5] 郎为民.表面组装技术（SMT）及其应用.北京：机械工业出版社，2007.

[6] 余国兴.现代电子装联工艺基础.西安：西安电子科技大学出版社，2007.

[7] 宣大荣.袖珍表面组装技术（SMT）工程师使用手册.北京：机械工业出版社，2007.

[8] 张文典.实用表面组装技术.北京：电子工业出版社，2006.

[9] 任博成，刘艳新.SMT连接技术手册.北京：电子工业出版社，2008.

[10] 周德俭.SMT组装质量检测与控制.北京：国防工业出版社，2007.

[11] 黄永定.SMT技术基础与设备.北京：电子工业出版社，2006.

[12] 崔峻.SMT车间现场管理方法探讨与分析.科学与财富，2020，16：30.

[13] 冯帆，崔祺.焊膏喷印技术及其缺陷控制概述.科学与信息化，2020，13：96-98.

[14] 杨剑，吴志兵，黄艳.无铅焊膏研究进展.化学研究与应用，2006，5：472-478.

[15] 彭琛，郝秀云，文爱新.喷印技术在组装生产上的新应用.丝网印刷，2016，5：43-45.

[16] 周峻霖，臧子昂，卢剑寒.一种新型焊膏喷印技术.电子与封装，2012，8：5-9.

[17] 程鼎铭.贴片机常见抛料原因分析与对策.科学与财富，2019，19：252.

[18] 李恒.回流焊机典型故障的维修及可靠性研究.造纸装备及材料，2020，2：16-17.

[19] 孙小勇.PCB回流焊温度曲线的设定及优化.科学与财富，2018，16：178-179.

[20] 陈道武.工业生产中波峰焊接设备的工艺调试与维护.机电信息，2019，32：12-103.

[21] 李艳丽，喻波，李超.浅析选择性波峰焊工艺.建筑工程技术与设计，2017，12：96.

[22] 田翠芳.波峰焊操作中常见问题及处理.山西电子技术，2016，4：37-38.

[23] 邓振华.自动光学检测系统（AOI）的原理及应用.中国机械，2013，11：22.

[24] 崔淑娟.浅谈飞针测试技术的发展.现代工业经济和信息化，2016，1：65-66.

[25] 李凤凯.PCB电路板手工返修方法研究.电子制作，2020，3：119-120.